CENT RÉCITS D'HISTOIRE NATURELLE

PAR

CH. DELON

TROISIÈME ÉDITION

PARIS
LIBRAIRIE HACHETTE ET Cie
79, BOULEVARD SAINT-GERMAIN, 79

CENT RÉCITS

D'HISTOIRE NATURELLE

DU MÊME AUTEUR :

Cent tableaux de géographie pittoresque. — 1 vol. petit in-4°, illustré. Cartonné.......... 4 fr.
— — Relié............ 6 fr.

A travers nos campagnes. — Histoire des animaux et des plantes de notre pays. 1 vol. petit in-4°, illustré. Cartonné.. 4 fr.
— Relié.. 6 fr.

Lectures expliquées. — Tableaux et récits accompagnés de développements. 1 vol. in-16, illustré. Cart. 1 fr.

Simples lectures préparant à l'étude de l'histoire. 1 vol. in-16, illustré. Cart.................... 1 fr.

Le Fer, la Fonte et l'Acier. — 1 vol. petit in-16 ; broché.................................. 50 cent.

Le Cuivre et le Bronze. — 1 vol. petit in-16 ; broché.. 50 cent.

Mines et Carrières. — 1 vol. petit in-16 ; broché.. 50 cent.

Le Sol. — Roches et minerais. 1 vol. petit in-16 ; broché...................................... 50 cent.

BIBLIOTHÈQUE DES ÉCOLES ET DES FAMILLES

Histoire d'un livre. — 1 vol. in-8, illustré ; broché.. 1 fr. 50
— — Cartonné en papier gaufré.......................... 1 fr. 75
— — Relié toile gaufrée................................. 2 fr. »

Promenades dans les nuages. — 1 vol. in-8, illustré. Broché............................ 1 fr. 50
— — — Cartonné en papier gaufré.................. 1 fr. 75
— — — Relié toile gaufrée.......................... 2 fr. »

Parmentier. — 1 vol. petit in-16, illustré ; broché... 60 cent.
— cartonné en papier gaufré.............................. 80 cent.

La maison flottante. — 1 vol. petit in-16, illustré ; broché.................................. 60 cent.
— — cartonné en papier gaufré.................. 80 cent.

4219-81. Corbeil. — Typ. et stér. Crété.

CENT RÉCITS D'HISTOIRE NATURELLE

PAR

CH. DELON

TROISIÈME ÉDITION

PARIS
LIBRAIRIE HACHETTE ET Cie
79, BOULEVARD SAINT-GERMAIN, 79

1882

INTRODUCTION

Quelle étude charmante que celle de l'*Histoire naturelle!* En d'autres occasions je dirais qu'elle est utile, indispensable même; je prouverais qu'on ne peut pas se passer d'avoir quelques notions au moins sur les choses et les êtres qui nous entourent... A vous, mes jeunes lecteurs, j'aime surtout à dire qu'elle est intéressante, agréable, variée, j'allais dire amusante... Eh bien, oui, amusante : car il est bien entendu que les choses très sérieuses et très-difficiles qu'il y a dans l'histoire naturelle, comme dans toutes les sciences, ne sont pas faites pour vous, du moins en ce moment; mais bien seulement ce qui est à votre portée, simple, facile à saisir et en même temps attrayant et curieux. Or, qu'est-ce que l'*Histoire naturelle?* Le mot vous le dit : l'histoire, l'étude de la nature. — La Nature, c'est *tout :* tout ce qui existe et qu'il est possible d'observer, depuis les étoiles du ciel jusqu'aux fleurettes des prairies, depuis les pierres insensibles jusqu'aux animaux, jusqu'à nous-mêmes : car nous aussi nous faisons partie de la nature. « Oh! pensez-vous, tout, c'est trop! » — Oui, c'est trop; c'est trop même pour les plus grands savants, pour les hommes qui ont passé toute leur vie à étudier : et c'est pourquoi il leur a bien fallu se partager la tâche. Chacun se choisit sa part; chacun, après avoir acquis une connaissance suffisante de l'ensemble, étudie avec plus de détail une partie seulement de cette grande *Science de la Nature.* Laissant donc tout d'abord de côté le ciel, pour ne s'occuper que de la terre et de ce qu'elle porte; mettant encore à part beaucoup de sujets d'étude qui forment autant de sciences distinctes, quand nous disons l'*Histoire naturelle*, nous entendons particulièrement la description des animaux, des végétaux et des minéraux. L'ensemble de tous les animaux est appelé, comme vous le savez, *le règne animal ;* les végétaux et les minéraux forment de même le *règne végétal* et le *règne minéral.* L'*Histoire naturelle* contient donc ces trois belles sciences : la science des animaux, ou *zoologie ;* la science des plantes, la *botanique ;* la *minéralogie* avec la *géologie*, qui forment la science des pierres... « Une science des « pierres, vous écrierez-vous peut-être! Les animaux, « les plantes, à la bonne heure: c'est intéressant; « mais une science des pierres! Qu'est-ce qu'on peut « bien dire de vos cailloux? » — Ah! ne dites pas de mal de mes cailloux! Je sais, sur ces simples pierres, des histoires merveilleuses, plus merveilleuses que les plus beaux contes de fées! Mais je vois ce que vous voulez dire. Une pierre, si brillante qu'elle soit, ne vous occupe pas longtemps; elle est inerte, immobile; elle est toujours la même, elle ne bouge pas; et vous, si remuants, vous aimez ce qui change et ce qui bouge! vous aimez la *vie!* Le minéral n'a pas la vie. La plante, elle, est vivante : on la voit naître, grandir, fleurir, et fructifier — et mourir; et tout cela, cette succession de changements, c'est la vie. Et puis les fleurs sont si belles! Mais les plantes ne se meuvent pas; elles ne sentent pas comme nous, elles ne pensent pas; et vous trouvez que cela leur manque. « Un animal, au con« traire, me disait un jour un enfant de votre âge, « quelle différence! Ça remue, au moins; ça sent, ça « comprend! Chacun a son instinct et sa manière de « vivre : et c'est cela justement qui est intéressant! » — Je ne dis pas non, et je comprends votre préférence. Ce sont donc les animaux qui vont être, cette fois, le sujet de nos causeries.

⁂

Un animal est *vivant,* comme la plante; mais de plus il est *agissant.* Il fait des *actions*, comme nous-mêmes; et sa vie ressemble en bien des choses à la nôtre. Or comme pour faire un certain travail il nous faut des outils, de même pour faire les différentes *actions* de la vie, il faut, à nous et à tous les êtres vivants, des outils aussi, des instruments. — Vos dents, par exemple, sont les outils dont vous vous servez pour trancher et broyer votre nourriture avant de l'avaler. Les griffes de votre chat, ce sont des instruments pour saisir, de petits crochets faits pour accrocher ce qu'il veut retenir. Les oiseaux ont un bec : c'est une petite pince pour prendre, tenir, pour écraser les graines, piquer les fruits, pour happer au vol des moucherons, porter des brins de mousse à leur nid... Ces *outils naturels*, qui ne sont point fabriqués, mais qui font partie de l'être vivant lui-même, sont appelés des *organes*. Ainsi nous dirons que nos dents, les griffes du chat, le bec de l'oiseau — comme aussi les jambes et les pieds qui servent à marcher, les ailes qui servent à voler, les mains qui sont disposées pour prendre, les yeux qui servent à voir, les oreilles avec lesquelles on entend,— sont des organes. C'est pourquoi les êtres qui ont la vie, et qui tous ont les *outils naturels* nécessaires à leur existence, sont appelés des êtres *organisés*, c'est-à-dire pourvus d'organes. Les plantes, qui ont aussi la vie, les plantes comme les animaux sont des êtres organisés. Mais laissons de côté les plantes pour le moment, puisque c'est des animaux que je dois vous entretenir.

Réfléchissons, maintenant. — Quand on a plusieurs sortes de travaux à faire, il faut plusieurs outils n'est-ce pas? Le même outil ne peut pas servir à tout faire; s'il est bon pour une chose, il ne convient pas pour une autre. Chaque travail a son outil, chaque outil a son emploi. Eh bien, pour ces *outils naturels* qu'ont tous les êtres vivants et que nous avons appelés des organes, il en est de même aussi ; ce que nous exprimons en disant: « chaque organe a sa fonction, » c'est-à-dire son usage, sa part de travail à faire. Et *réciproquement*, « chaque sorte de travail, chaque fonction a son organe. » Dans un animal, petit ou grand, le corps tout entier n'est qu'un *ensemble d'organes*, ou, comme on dit, un *organisme*, — un outillage, si vous voulez continuer la comparaison. Chaque partie du corps est un organe qui a sa fonction utile. Et non seulement il y a les organes *extérieurs*, que vous voyez agir, en sorte que vous vous rendez facilement compte de leur usage — les jambes, par exemple, que vous voyez remplir la fonction de *marcher;* les ailes, que vous voyez faire le mouvement de *voler*, — mais en outre, au dedans, il y a un très-grand nombre d'autres organes, les organes *intérieurs*, cachés pour vous, que vous ne voyez pas fonctionner, et qui pourtant travaillent, et beaucoup !

Examinons un animal. Nous choisirons de préférence un de ceux que nous avons plus facilement occasion d'observer : ce sera, si vous le voulez bien, notre minet familier. Voyons, à quoi se passe son existence? que fait-il, tout le jour, de sa petite personne? quelles sont les principales *fonctions* de sa vie ? — Justement, je le vois paresseusement étendu au soleil, après le dîner, les yeux à demi fermés. Que fait-il là? — « Rien, » direz-vous. Détrompez-vous : il travaille. Mais il travaille *en dedans*..... Je m'explique : il travaille à *entretenir sa vie;* ce sont ses organes intérieurs qui fonctionnent. Il *digère !*

C'est là une *fonction* nécessaire à sa vie ; car il faut qu'il se *nourrisse*, qu'il mange et qu'il boive, sans quoi il mourrait de faim et de soif, vous le savez ; et vous savez aussi combien notre personnage est préoccupé de ce besoin de sa nature. S'il vivait à l'état sauvage, comme ses confrères des forêts, la plus grande partie de son existence serait employée à chercher sa nourriture. Cette nourriture, broyée entre ses dents, puis avalée, passe dans son estomac et ses intestins ; et là, par le travail de certains organes intérieurs, elle est *digérée*, c'est-à-dire qu'une partie de cette matière sert à former du *sang*. Que je voudrais pouvoir vous expliquer ce *travail de la digestion;* vous dire comment l'*aliment* est d'abord transformé en un suc liquide; comment une partie de ce suc, pompée par des milliers de petits tuyaux, finalement se mêle au sang ! — Il faudrait vous dire aussi comment une sorte de *pompe*, qu'on appelle le *cœur*, fait passer ce sang par d'autres tuyaux qu'on nomme les *artères* et les *veines*, en sorte qu'il se répand dans toutes les parties du corps de l'animal, les *arrose* à l'intérieur pour les maintenir en bon état de fonctionnement : c'est ce qu'on appelle la fonction de *circulation* du sang. — Puis, autre chose encore : il respire, ce chat, comme vous et moi ; paisiblement couché, il *aspire* et *expire* successivement l'air, d'un mouvement égal, et sans bruit, ou en faisant entendre un petit *ron-ron* tranquille, signe de sa bonne humeur. Cet air aspiré va dans les poumons de l'animal. Une partie de cet air passe dans le sang et sert à lui donner les qualités qu'il doit avoir. Ici encore je regrette de ne pouvoir vous expliquer la chose en détail ; nous nous contenterons donc d'observer que cette fonction de *respiration* est indispensable à l'animal comme à nous ; s'il cessait quelques instants de respirer l'air, si l'air *respirable* venait à lui manquer, il périrait étouffé. — Il y a encore d'autres fonctions nécessaires à l'existence de notre chat; mais celles-ci sont les principales : les fonctions de *digestion*, de *circulation* et de *respiration*. Et quel est le *but* de ces fonctions ? A quoi sert, enfin, tout ce travail intérieur? Simplement à *entretenir la vie;* à mettre tous les organes de l'animal en état de fonctionner, à les tenir prêts à servir aussitôt qu'il en sera besoin. Et comme pour chaque fonction il faut des organes, nous nous rappellerons qu'il y a les organes de digestion, les organes de circulation, les organes de respiration, — d'autres encore, que nous résumerons tous en deux mots : les organes d'*entretien de la vie*.

Mais cette vie que l'animal entretient ainsi, qu'en fait-il? à quoi l'emploie-t-il? Nous allons le lui demander à lui-même.

— Je fais entendre ce léger bruit des lèvres que vous savez — et que je ne peux pas écrire... Minet dresse l'oreille, il ouvre l'œil : « Qu'y a-t-il ? » Sa petite physionomie exprime fort bien cette question. Minet veut savoir ce qu'il y a. *Il a besoin* de savoir ce qui se passe autour de lui, ce chat : et c'est justement pour cela qu'il a des yeux et des oreilles. — Avoir connaissance, *en dedans de soi*, de ce qui se passe *en dehors*, cela s'appelle *percevoir*.

Ah ! que de choses curieuses à observer, si on cherchait seulement à se rendre compte de ce qu'on voit tous les jours ! — Quand mon chat ouvre l'œil en écartant ses paupières, qui, comme deux petits volets, quand elles étaient fermées, empêchaient le jour de pénétrer, la *lumière* entre à travers une sorte de peau merveilleusement fine et transparente, absolument comme à travers la vitre d'une fenêtre ; elle pénètre à l'intérieur de l'œil, qui est une petite chambrette, elle éclaire en dedans cette chambrette qui tout à l'heure était obscure. En entrant ainsi dans l'œil et en éclairant l'intérieur, la lumière produit à l'animal un certain effet — comme à vous, quand vous ouvrez les yeux au jour. Cet effet que l'animal éprouve, *sent*, est ce qu'on nomme une *sensation*. En même temps, par le moyen de cette sensation, mon chat *perçoit*, c'est-à-dire connaît la forme et la position des objets qui sont autour de lui : il *voit*, en un mot. *Comment* cela se fait-il ? c'est ce que vous n'êtes pas en état de comprendre maintenant. Mais si vous ne savez pas de quelle manière l'œil fonctionne, vous savez en quoi consiste sa fonction, puisque vous aussi vous avez des yeux ; vous savez, par expérience, et bien mieux que par une explication, ce que c'est que la *sen-*

sation de lumière. Vous savez enfin que, par le moyen de cette sensation perçue vous avez connaissance des objets qui nous entourent. Cela, pour le moment, nous suffira. — De même, quand un bruit *frappe*, comme on dit, l'oreille de ce chat, ce bruit qui retentit à l'intérieur de la *cavité* de l'oreille, creusée en forme d'entonnoir, produit aussi sur ce chat un certain effet ; c'est une autre *sensation*. Et par cette sensation il est averti que quelque chose se passe auprès de lui. A la façon dont cette sensation est *perçue* par son oreille, Minet, qui a l'*ouïe* fine et exercée, reconnaît si c'est le bruit du vent qui frôle le feuillage, ou le vol d'un oiseau, d'un moucheron, ou le pas léger et furtif d'une souris, — ou le son de ma voix qui l'appelle. — Maintenant je vais lui présenter un objet ; il allonge le museau : il *flaire*. — Par son nez, il perçoit une odeur ; et cette sensation lui aide à reconnaître la nature, les qualités de la chose que je lui offre. Justement, à l'odeur, il a reconnu là quelque chose de propre à servir de nourriture à un chat : — c'est un morceau de rôti ! Il le prend entre ses dents ; mais tout en le croquant il le *goûte;* et cette autre sensation encore le confirme dans son opinion, et lui fait savoir que cette chose a en effet les qualités d'un aliment très-agréable... Au besoin, pour s'assurer que l'objet offert est bien réel, que ce n'est pas une simple apparence — comme l'était ce chat tout semblable à lui que je lui faisais voir l'autre jour dans un miroir — il l'eût *touché* du bout de sa patte. Ces moyens que l'animal a de percevoir l'existence, la forme, les mouvements, les qualités des objets, sont ce que nous appelons des *sens*. Nous venons d'en reconnaître cinq à notre chat : la vue, l'ouïe, l'odorat, le goût, le toucher. Et pour chacune de ces *fonctions* il y a des organes, les *organes des sens*. Pour la vue les yeux, les oreilles pour l'ouïe, le nez pour l'odorat, la langue pour le goût ; pour le toucher, toute la *surface* du corps, la *peau :* en effet, si vous touchez l'animal sur une partie quelconque de son corps, il le sent très bien; mais il *palpe* les objets de préférence avec sa patte.

Connaître ce qu'il y a autour de lui, ce n'est pas tout ; l'animal est capable d'*agir*. Il peut faire des *mouvements*. Et combien de mouvements divers, libres, faciles, gracieux, lents ou rapides à son gré, il peut faire, ce chat ! Voyez comme il se dresse, comme son corps flexible ondule, comme il tourne la tête, remue la queue... Toutes les pièces de sa petite machine — je veux dire toutes les parties de son corps se meuvent. Et surtout ses quatre pattes : vous savez si elles sont agiles ! Ce sont les moyens qu'il a de *changer de place* ou, comme on dit, ses moyens de *locomotion*. Pour toutes ces fonctions diverses il a aussi de nombreux organes, qui sont ses *organes de mouvement*. — Ainsi, pour résumer, nous avons reconnu à notre animal deux sortes de fonctions, et par conséquent deux sortes d'organes : premièrement les fonctions et les organes qui servent à entretenir la vie ; secondement les fonctions et les organes par lesquels il connaît ce qui l'entoure, et agit, suivant son instinct. — Il y en a d'autres encore, mais qui ne peuvent nous intéresser pour le moment.

Quelle multitude d'animaux divers il y a ! Et combien différents ils sont entre eux : différents de taille, de forme, de manière de vivre ! — Pensez à l'énorme baleine, et à l'imperceptible *animalcule* pour qui une goutte d'eau est un océan ; au lourd éléphant, et au frêle insecte ailé qui danse, le soir, dans un rayon de soleil ; au charmant papillon et au difforme crapaud ; à l'oiseau qui vole et au serpent qui rampe, à la bête de proie cruelle et au paisible mouton... Les uns vivent, comme nous, sur le sol ferme ; les autres dans les eaux, les autres se meuvent dans l'air. — Tous ont des organes destinés à l'entretien de leur existence ; tous, par exemple, se *nourrissent* et *respirent*. Tous ont des organes pour *percevoir*, d'autres pour se *mouvoir*. Évidemment tous ne sont pas *organisés* de la même manière, tant s'en faut ! Chaque animal est *organisé* suivant sa manière de vivre : il a, si vous voulez, les outils de son métier. Et c'est justement le côté le plus intéressant, quand on étudie l'*Histoire naturelle* des animaux : c'est d'observer comment sont faits ces outils et comment l'animal s'y prend pour s'en servir.

Il n'est pas besoin de dire qu'un outil doit être *approprié* à l'usage qu'on veut en faire, c'est-à-dire avoir la forme et la disposition convenable pour le genre de travail auquel il sert : un outil pour couper doit être tranchant, un outil pour percer doit être pointu... cela va de soi. Imaginez donc, par exemple, un menuisier qui serait obligé de couper son bois avec un outil qui n'aurait pas de tranchant, ou de percer avec un outil qui n'aurait pas de pointe ! Vous figurez-vous un laboureur tenu de labourer avec une aiguille, ou un tailleur ayant pour tout outil, par exemple, un soc de charrue ?... Vous riez : bien ; c'est donc compris aussi que dans un être vivant « *chaque organe est approprié à sa fonction* », à l'usage que l'animal en fait, à ses besoins. Voyons comment : examinons, par exemple, les *organes de mouvement*. Nous les choisissons de préférence, parce qu'ils sont pour nous plus commodes à observer.

Voici d'abord le tigre, qui est une bête de proie, un animal *carnivore*. Il vit de chair fraîche... mais la proie s'enfuit : il faut donc qu'il ait, pour l'atteindre, des pattes fortes et agiles. Et quand il l'a atteinte, cette proie vivante, pour l'empêcher de se dégager et de s'échapper, il convient qu'il ait de quoi la saisir, l'accrocher : aussi ses pattes ont-elles plusieurs doigts, courts mais un peu flexibles, pour saisir, armés surtout de longues et fortes griffes crochues, pour accrocher. — Mais ce mouton, que je vois paître là-bas dans la prairie, qui est un animal *herbivore*, a-t-il aussi des griffes à la patte ? Des griffes ? pourquoi ? Pour saisir ? Est-ce que l'herbe « *se sauve* » quand le mouton vient pour la brouter ? Ce serait un outil inutile ; mon mouton n'a pas de griffes, non plus qu'aucun autre herbivore paissant de la même manière. Il n'a pas la patte munie de doigts flexibles, puisqu'il n'a rien à saisir ; il a seulement deux gros doigts très-courts, non flexibles, terminés par deux gros ongles durs, courts, épais, qui portent le poids de son corps. Le cheval, qui est aussi un herbivore, n'a à la patte qu'un seul ongle : un gros, épais, solide ongle arrondi, tout d'une pièce et non fendu, qu'on appelle son *sabot*.

Mais je connais un animal qui se nourrit de fruits sauvages. Il est important, n'est-ce pas, qu'il puisse grimper aux arbres, pour aller les cueillir sur les branches. C'est donc un animal grimpeur. S'il avait les pattes terminées seulement par des sabots ainsi que le cheval et le mouton, comment pourrait-il grimper aux arbres? Impossible. Donc il lui faut une patte conformée pour saisir, pour s'accrocher. — C'est au *singe* que je pensais. Leste, agile, il a à la patte des doigts longs, flexibles comme

Main et pied de singe.

les nôtres, avec un *pouce* qui se replie en face des autres doigts, pour mieux tenir ; une véritable petite main, à peu près semblable à la nôtre, difforme, mais adroite. Et pour mieux grimper, il n'a pas seulement deux mains, comme nous ; il en a quatre : ou plutôt ses pieds ont la forme de mains, et saisissent de même. Avec ces petites mains, en outre, il cueillera, il épluchera les fruits dont il se nourrit. Il n'a pas d'ongles recourbés en forme de griffes ; ce n'était pas nécessaire : pour prendre, pour grimper, il saisit en entourant, comme nous, les objets, les branches, de ses longs doigts flexibles. Mais le gentil et vif *écureuil* de nos bois, qui se nourrit de glands, de faînes, de châtaignes sauvages, a besoin, lui aussi, de monter aux arbres. Il n'a pas les pattes en forme de main, il n'a pas un pouce qui se replie pour saisir. S'il avait une main, elle serait nécessairement toute petite, à proportion de l'animal : elle ne pourrait saisir, entourer de ses doigts que les plus frêles rameaux : comment grimperait-il aux gros troncs des vieux chênes? Il n'a donc pas de mains semblables aux nôtres ; mais ses petits doigts ont des ongles fins, aigus, recourbés, très-bien faits pour s'accrocher aux inégalités de l'écorce, quand l'animal s'élance au tronc des grands arbres, court le long de leurs branches. — Voici un autre animal, la taupe, qui fait sa proie de vers de terre. Il faut donc qu'il puisse aller chercher sa proie là où elle est, c'est-à-dire dans la terre. Il creusera le sol, pour la découvrir : ce sera un animal *fouisseur*. Ce n'est pas une main flexible pour s'accrocher aux branches, ni des griffes en forme de crochets pour retenir sa proie, qui n'est pas agile ; ce sont des organes d'animal fouisseur, qu'il lui faut : des pioches et des pelles, des outils de terrassier. Et il en a ! Voyez; ses pattes de devant sont courtes, épaisses, fortes, avec des doigts peu flexibles. Il a d'énormes ongles; mais non pas des ongles en forme de crochets : des ongles en forme de pointes de pioche, pour fouiller la terre ; sa patte, très-large, aplatie, est en forme de pelle pour la déblayer et la rejeter.

Patte fouisseuse de la taupe.

Mais, une réflexion. La main à longs doigts, difforme et velue du singe, le pied armé de griffes aiguës du carnivore, le pied terminé par un sabot du mouton ou du cheval, la pelle fouisseuse de la taupe, — c'est toujours une patte. C'est toujours, au fond, le même organe ; seulement il est différemment conformé, suivant ses fonctions, selon les besoins et les habitudes de l'animal. — J'ai un couteau ; c'est un outil *tranchant*, fait pour couper. Mais j'ai besoin aussi de piquer, de percer. Est-il bien nécessaire que j'aie un autre outil tout à fait à part? Si je faisais tout simplement un petit changement à mon couteau? Si je l'aiguisais en pointe? il pourrait me servir à percer. J'aurai un couteau pointu. Si je veux, pour tailler mes arbres, un outil qui puisse accrocher les branches et les couper, j'aurai encore une lame tranchante ; seulement, cette lame sera recourbée en forme de griffe pour accrocher: ce sera cette sorte de couteau de forme particulière qu'on appelle une serpette : c'est toujours un couteau. Pointu, rond du bout, ou recourbé, suivant l'usage que j'en veux faire, c'est le même outil au fond; mais il est plus ou moins modifié, c'est-à-dire changé de forme, suivant le besoin. De même un certain organe peut être *modifié* pour remplir un emploi particulier : c'est ce que nous avons vu. Mais écoutez encore ceci. — Je connais un animal *à quatre pattes*, un mammifère qui vit de poissons : il est pêcheur de son métier. Le poisson vit dans l'eau ; pour aller le prendre, il faut que l'animal aille aussi dans l'eau. Notre pêcheur donc passe une bonne partie de sa vie

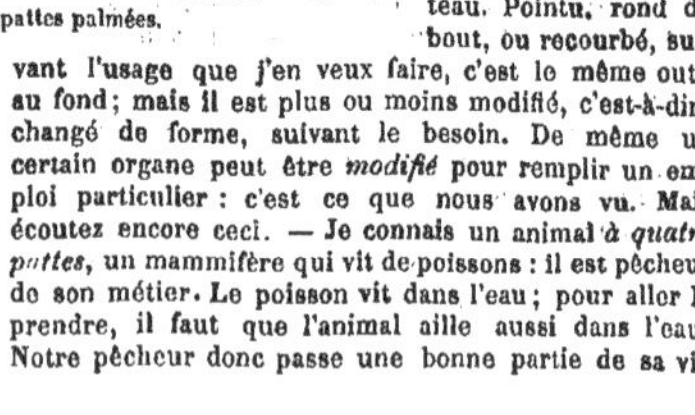

La loutre et ses pattes palmées.

dans l'eau ; il y poursuit les poissons, qui sont agiles, comme vous le savez. Quelle est donc la première nécessité pour lui? — C'est de bien nager. Nager consiste à pousser fortement l'eau en arrière. Vous avez vu un homme *ramer* dans un bateau : avec la rame, le batelier repousse fortement l'eau, comme s'il voulait la faire fuir en arrière ; l'eau résiste, et le bateau léger glisse en avant. Quand un animal nage, c'est une chose toute semblable. L'animal dont je parle, — c'est la loutre, — a des *organes de locomotion:* ses jambes, ses pattes. Puisqu'il doit non-seulement marcher sur la terre, mais encore nager dans l'eau, il faut que ses organes de locomotion soient appropriés à la *fonction de nager*. Or pour repousser l'eau il faut un objet aplati, large, comme la *palette* ou *pelle* d'une rame. Eh bien, examinez maintenant la patte de la loutre. Elle est terminée par des doigts assez longs ; et entre ces doigts il y a une sorte de peau forte et épaisse, qui les réunit l'un à l'autre ; en sorte que, si l'animal écarte ses doigts, la peau étendue en éventail forme une large rame : c'est ce qu'on appelle une *patte palmée*. La patte palmée est un *pied, modifié* pour la fonction de nager. Avec cette rame naturelle, la loutre repousse l'eau, par des mouvements semblables à celui d'un homme qui nage ou d'un batelier qui fait mouvoir son bateau : et le même organe peut encore très-bien lui servir pour courir sur le sol. Beaucoup d'autres animaux qui tantôt nagent et tantôt courent, vont tantôt dans l'eau et tantôt sur la terre, ont une patte palmée semblable à celle de la loutre: le *castor*, par exemple (n° 6). Mais voici un animal, le phoque (n° 36), qui passe à peu près toute sa vie dans l'eau ; il va très-rarement à terre. Son pied n'a pas besoin d'être disposé pour courir sur le sol, mais seulement pour nager. Et aussi, comme vous voyez, sa patte a, bien mieux encore que celle de la loutre, la forme d'une rame, ou si vous voulez d'une nageoire ; c'est un pied modifié pour la fonction de nager seulement : il n'est plus propre à marcher sur le sol.

Quelque chose de bien plus curieux encore. Je sais un animal *à quatre pattes*, un mammifère, qui se nourrit d'insectes volants : hannetons, moucherons, papillons. « Mais puisque sa proie fuit dans l'air, direz-vous, comment peut-il la saisir? Il faudrait qu'il pût la poursuivre à travers l'air aussi... il faudrait qu'il pût *voler*. » — Justement. — « Mais vous dites que c'est un animal à quatre pattes? pour voler, il faut des ailes. » — Attendez ; avec ses pattes, nous allons lui en faire, des ailes! – Qu'est-ce que *voler ?* Voler, c'est *nager dans l'air*. L'oiseau qui vole fait un mouvement à peu près semblable à celui de l'animal qui nage. Une aile, c'est encore quelque chose comme une rame, comme une nageoire. Quand l'oiseau donne un coup d'aile, il repousse l'air, comme la rame ou la nageoire repousse l'eau. Mais l'air est léger, mobile ; il résiste très-peu : il faut que l'aile qui le frappe ait une grande étendue, une grande surface. Voyons maintenant : il s'agit de faire une aile avec une patte. Comment est disposée la patte qui sert à nager? — « Elle est palmée. » — Et puisque voler c'est nager dans l'air? — « Il faudrait pour voler une patte disposée encore comme une patte palmée. » — Très-bien. Seulement... ? « Seulement il faudra qu'elle soit très-grande à proportion de l'animal. » Eh bien, nous venons d'inventer la *chauve-souris* (n° 3)! — Voyez : voilà l'animal. Ses pattes de devant sont *modifiées* pour la

Bras de la chauve-souris modifié en aile.

fonction de voler : elles sont devenues des ailes. Elles sont disposées comme la patte palmée ; seulement les doigts de cette patte sont démesurément longs à proportion ; entre ces doigts, et en outre le long du bras et tout autour du corps, est étendue une peau mince, fine et flexible. Avec ces rames légères à ramer dans l'air, la chauve-souris pourra poursuivre sa proie volante. — Et, tenez — encore une observation intéressante. Si, pour quelque raison, l'outil dont on se sert d'ordinaire pour un certain travail n'est pas commode pour ce que vous avez à faire, que faites-vous ? Vous en prenez un autre, que vous *modifiez*, que vous arrangez à votre façon et *appropriez* au travail que vous voulez exécuter. De même pour les organes des animaux ; quand un organe ne peut convenir pour une certaine fonction nécessaire, un autre est disposé convenablement pour le remplacer. Ce sont les pattes, n'est-ce pas, qui, d'ordinaire, remplissent la fonction de *saisir* en même temps que celle de marcher. Mais voyez cet énorme éléphant (n° 20) : pour suppor-

Trompe de l'éléphant.

ter ce gros corps pesant, il faut quatre grosses pattes extrêmement fortes, courtes, faites comme de vrais piliers. Mais des pattes faites ainsi ne pourront pas saisir; or l'éléphant a besoin de saisir les objets, par exemple les rameaux chargés de feuillage, afin de les brouter. Les organes qui servent aux autres animaux à saisir n'étant pas, cette fois, propres à cette fonction, que fera l'éléphant? Ne pouvant prendre avec ses pattes, il prendra, ne vous déplaise, *avec son nez*.... Ah! mais vous pensez bien que ce ne peut pas être un nez ordinaire! Et voyez en effet cet immense nez qui s'allonge, flexible, pouvant s'enrouler, terminé par un petit repli comme une sorte de doigt : c'est ce que nous appelons la *trompe* de l'éléphant. C'est un nez qui sert à sentir; mais, chose étonnante, c'est un nez approprié, en outre, à la fonction de saisir, — les pattes ne pouvant le faire.

Je ne veux plus vous citer qu'un seul exemple : un seul, mais extrêmement curieux. — Imaginez qu'un ouvrier, à un certain moment de son existence, veuille changer de métier : il faut, n'est-ce pas, qu'il change aussi d'outils. Les outils de son ancien travail ne conviennent plus pour le nouveau; il faut qu'il en ait d'autres, ou bien, tout au moins, qu'il *modifie* les anciens, qu'il les arrange pour les approprier à un nouvel usage. Eh bien, chose étonnante, il y a aussi des animaux qui changent de métier : je veux dire qu'à un certain moment de leur existence ils changent totalement de manière de vivre. « Il faut donc, direz-vous, que leurs organes soient changés aussi? » Oui, ou tout au moins modifiés pour être appropriés à une autre manière de fonctionner : souvent la forme de l'animal est complètement modifiée, en sorte qu'on aurait peine à croire que ce fût le même être, si on ne voyait le changement se faire. Ces animaux ont pour ainsi dire deux vies, — et par conséquent deux formes différentes. C'est ce fait étonnant qu'on appelle une *métamorphose*, c'est-à-dire une *transformation*. — Voyez ce petit animal, qui a trois centimètres de longueur à peine. Au premier coup d'œil

Têtard.

vous le prendriez pour un poisson. Et en effet, il vit dans l'eau; il a donc les organes convenables pour la vie des eaux. Pour nager, pour se mouvoir dans l'*élément liquide*, il a non pas quatre rames, mais une seule, longue, large, aplatie, qui forme sa *queue*, plus longue que tout le reste du corps. Ce corps a la forme d'une grosse tête arrondie; c'est pourquoi cet animal s'appelle un *têtard*. Dans l'eau, il se meut très-rapidement; mais il n'en sort jamais. Comment, par exemple, marcherait-il sur le sol? — Mais voilà qu'à un moment de son existence, sa manière de vivre va changer. Désormais il vivra autant sur la terre que dans l'eau. Il faudrait donc qu'il eût des pattes, pour marcher? — Voyez; au bout de quelque temps, quand l'animal a un peu grossi, on voit se former, on voit *pousser* en quelque sorte, — comme une feuille à un arbre, — une petite paire de pattes en arrière du corps; un peu plus tard, une autre paire en avant. Alors le petit animal commence à sortir de l'eau, à faire de temps en temps sa promenade sur le rivage. Il grandit encore. Il est maintenant pourvu de quatre membres, avec lesquels il peut non seulement marcher, mais sauter fort lestement. Changement complet, et de forme, et de vie : de nom aussi, car à présent l'animal s'appelle.... une *grenouille*. C'est pourtant le

Têtard avec ses pattes de derrière.

même *individu* : mais il a changé de métier et d'outillage. Voilà une métamorphose! — « Mais, direz-vous, la grenouille va à l'eau encore. Il faut donc qu'elle ait des organes disposés pour nager? » Sans doute; et voyez : ses pattes sont palmées. — « Ah! et sa queue? » — Sa queue? Mais à présent qu'elle a de grandes

Têtard en train de devenir petite grenouille, avec quatre pattes.

rames, cela lui suffit fort bien pour nager; elle n'a plus besoin de cette autre nageoire qui était sa queue. Aussi maintenant que le têtard est devenu petite grenouille, sa queue, à mesure que l'animal croît, au lieu de grandir aussi diminue peu à peu et finit par disparaître. Ce serait un organe inutile, un outil sans emploi : il n'en faut plus. — Et voilà pourquoi « les grenouilles n'ont pas de queue! » — quand elles sont grandes.

Quel dommage que nous ne puissions ainsi passer en revue, je ne dis pas tous les animaux, mais du moins les plus remarquables, pour observer la forme et l'usage de leurs organes! Mais quoi! le livre entier n'y suffirait pas. Voyez, six pages déjà, et nous n'avons cité qu'un très-petit nombre d'animaux; et encore nous n'avons guère parlé que d'une seule sorte d'organes, les organes de *locomotion*. Il faudrait continuer par les oiseaux, les reptiles, les poissons; puis passer aux insectes, ces petits êtres si intéressants. Et puis il faudrait dire un mot, non plus seulement des organes de locomotion, mais aussi des organes des *sens*, des organes de *digestion*, de *respiration*, etc. Impossible, n'est-ce pas? Je vous laisse donc à vous-même la tâche — je devrais dire le plaisir — de reconnaître, quand vous verrez un animal, ou quand vous lirez les descriptions que contient ce petit livre, comment les divers organes que vous pourrez observer sont appropriés à leurs fonctions.

* * *

N'avez-vous pas vu travailler quelque *machine* compliquée, agencée d'une façon qui vous aura paru bizarre peut-être, parce que vous n'en compreniez pas le jeu ? Qu'est-ce qu'une machine ? C'est un ensemble de *pièces* combinées pour exécuter un certain travail utile. Chaque *pièce*, fabriquée d'une certaine *matière* choisie, a son emploi, sa part à faire dans le travail ; elle a la forme convenable pour cet emploi. Entre le *mécanisme* de cette machine et l'*organisme* d'un animal, ne voyez-vous pas certaines ressemblances ? Certes. La machine est construite de plusieurs pièces ; le corps de l'animal est constitué de plusieurs *organes*. Les organes de l'animal sont formés de *matière*, comme les pièces de la machine ; comme les pièces de la machine, ils ont chacun un emploi différent ; comme les pièces de la machine, ils ont une forme appropriée à leur travail ; comme les pièces de la machine, ils tiennent les uns aux autres et travaillent avec ensemble. Oui, voilà bien des ressemblances ; mais il y a des différences aussi : une tout d'abord, que vous devinez tout de suite... « C'est, dites-vous, que la machine ne va pas toute seule... » — Justement.

Quand une chose se meut, la *cause* qui produit son mouvement est ce que nous appelons une *force*. Force, cela signifie *cause de mouvement*. Pour déranger un objet de sa place il faut employer une certaine force. Pour faire mouvoir une machine, il faut aussi employer une force, grande ou petite, selon la forme et les dimensions de cette machine. Sinon, elle s'arrête. Elle ne se mettra pas en mouvement d'elle-même. Mais l'organisme d'un animal est une merveilleuse machine qui « va toute seule », comme vous dites, parce qu'elle a « en dedans » la force qui la fait mouvoir, qui fait *fonctionner* les organes, *la force qui fait vivre et agir*, et que nous appelons *force vitale*. — Vous expliquer ce que c'est, je ne le pourrais pas. Mais vous aussi vous avez en vous-même la *force vitale* ; vous la sentez en dedans de vous, vous en avez *conscience*, quand vous l'employez à faire mouvoir vos organes. Vous voulez saisir un objet : votre bras se meut de ce côté, vos doigts se replient pour prendre ; si surtout vous voulez le soulever ou le changer de place, cet objet, vous sentez que vous faites un certain effort : un effort, c'est-à-dire un emploi de force. Vous sentez très-bien cet effort que vous faites ; vous sentez très-bien que vous employez de votre force : peu si l'objet est léger, beaucoup, s'il est lourd. Et s'il est plus lourd encore, tout ce que vous pouvez employer de force n'est pas suffisant : il reste là. Une grande personne, un homme qui en a plus que vous, l'enlèvera facilement. Vous avez donc par expérience une idée de ce que c'est que la force. De plus, vous savez qu'à s'employer, elle se *dépense*. Avez-vous employé beaucoup de votre force à faire beaucoup de mouvements, — au jeu ou au travail, peu importe, — vous sentez qu'il ne vous en reste plus autant : ce qu'on a dépensé, on ne l'a plus. Vous êtes fatigués, vous avez peine à vous mouvoir. Comment reprendrez-vous de la force ? Comment regagnerez-vous votre *dépense* ? Avec le repos, et surtout par la *nourriture*. Se nourrir, c'est bien, comme on le dit vulgairement, reprendre des forces. — Eh bien, l'animal aussi a en lui, faisant partie de lui-même, une certaine *force* vitale : il en a plus ou moins, à proportion de sa taille. Il emploie cette force à faire mouvoir et travailler tous ses organes. En l'employant, il la *dépense*, et pour regagner sa dépense il a plusieurs moyens : l'un de ces moyens, c'est la nourriture. — La nourriture, voyez-vous, c'est comme le charbon qu'on *charge*, de temps en temps, à mesure qu'il brûle, dans le foyer d'une machine à vapeur, d'une locomotive de chemin de fer, par exemple, pour entretenir sa chaleur et sa force à mesure qu'elles se dépensent à faire marcher le train.

Autre différence, bien plus importante encore, entre un animal et une machine. La machine est *insensible*. Si elle fonctionne bien... elle n'en a pas de plaisir ; si elle se brise, si on la démonte pièce à pièce, elle n'en éprouve pas de souffrance. Mais l'animal est *sensible*, comme nous ; il peut éprouver du plaisir et de la douleur, jouir et souffrir. — L'animal qui a faim a du plaisir à manger ; s'il a soif, il a du plaisir à s'abreuver. A se mouvoir aussi, à s'ébattre, comme vous, enfants, il prend du plaisir. Voyez le petit oiseau qui voltige comme en se jouant ; certainement il est joyeux de sentir ses ailes, de glisser dans l'air. Il chante, il gazouille vivement : il a du plaisir à chanter, certainement. S'il ne manque de rien, si le temps est doux, si le soleil brille et le réchauffe, il est content, il est heureux autant qu'un animal peut l'être. — Mais voilà que le froid de l'hiver l'engourdit ; la nuit est glacée, la neige est sur la terre... où trouver des fruits, des graines ? Pauvre petit être, il a faim, il a froid, il souffre. Tout ce qui blesse ses *organes* lui fait éprouver de la douleur. Il souffre si la bête de proie le saisit sous ses griffes aiguës ; il souffre — souvenez-vous de ceci, — si un enfant étourdi et cruel s'en empare de force, le blesse, l'étreint pour le retenir, froisse ses petits membres frêles. Si vous l'avez bien compris, si vous vous imaginez bien qu'un animal que vous blessez souffre comme vous souffririez vous-même si on vous faisait la même chose, — alors, j'en suis bien sûr, jamais par caprice ou par insouciance, vous n'infligerez de douleurs à un être vivant. Soyez bons, enfants ; respectez la vie de l'animal : il a droit de vivre. Ne tuez pas sans nécessité, — même un moucheron. Certainement il y a des animaux nuisibles, que nous avons droit de détruire pour nous défendre. Eh bien, même à ceux-là il faut épargner autant que possible les souffrances. Je vous dis cela en passant — j'y reviendrai : car les enfants sont parfois cruels envers les animaux par irréflexion, faute de penser ; et je veux que la réflexion vous enseigne la bonté.

Non seulement l'animal *sent*, il est sensible ; mais il a, vous savez, un certain degré d'*intelligence*, et ce que nous appelons l'*instinct*. Oh ! certainement l'intelligence d'un animal, en comparaison de la nôtre, ce n'est rien, — ou du moins c'est bien peu de chose : je n'ai pas besoin, je crois, de vous le dire ! Mais enfin l'animal a cette lueur d'intelligence qui lui suffit pour qu'il sache, par exemple, se procurer les choses nécessaires à sa vie, fuir le danger. Voyez encore notre petit oiseau du jardin. Par le moyen de ses sens il a, nous l'avons dit, *connaissance* de ce qu'il y a autour de lui. Il voit de ses yeux ce beau cerisier qui est au milieu du jardin; il *sait* bien, allez, que cet arbre est là! Mais dans mon cerisier il y a de belles cerises rouges; il se *souvient*, le malin, d'y avoir déjà goûté. Il *veut* les becqueter. Et alors le voilà qui ouvre ses ailes pour voler vers mon beau cerisier chargé de fruits. Mais quoi? avant d'y donner un coup de bec, il regarde de côté d'un air défiant. J'approche : il *pense* sans doute que j'accours défendre mes fruits, que je vais le saisir, le punir peut-être... il a *peur*, il s'enfuit à tire d'ailes. — Il *sait* donc quelque chose, ce petit, il *veut*, il se *souvient*, il *pense*... à sa manière. Il pense : oh! pas beaucoup! Il ne réfléchit guères; il ne fait pas des raisonnements bien longs ni bien compliqués! Il a ses petites idées, des idées bien simplettes, des idées d'oiseau... Il pense, à quoi? à se mettre au soleil s'il a froid, à l'ombre s'il a chaud; à chercher sa nourriture s'il a faim, à s'enfuir s'il est effrayé — et c'est à peu près tout. Ah! autre chose encore : au temps des nids il pense à bâtir sa maisonnette; à choisir l'arbre qui portera son nid; il pense à chercher des brins de mousse et des duvets, il a assez d'intelligence pour construire solidement et moelleusement garnir son lit, le berceau de ses enfants... Il a sa chansonnette, qui est son petit langage. Et comme il ne pense pas bien long, il n'en dit pas beaucoup non plus. Sa chanson dit qu'il est joyeux, son cri appelle ses petits ou ses compagnons. — On appelle *instinct* une sorte d'intelligence inférieure qui apprend à l'animal à faire une seule chose, toujours la même et de la même façon. Ainsi le paisible *lapin* que vous connaissez sait se creuser un *terrier* dans les bois pour se mettre à l'abri; mais cet instinct qu'il a de creuser la terre ne lui ferait pas venir, par exemple, l'idée de se construire une cabane de branches et de feuillage, si le sol, dans le lieu où il habite, était de pierre dure qu'il ne pourrait pas creuser... tandis que l'intelligence véritable — si peu qu'on en ait! — *sert à tout;* elle apprend à tirer parti de toute chose.

Enfin un mot encore : l'animal est capable d'affection, d'attachement: il *aime*. Comme le chien aime son maître, vous le savez! comme il cherche ses caresses, comme il le suit partout, le sert au commandement, le défend au besoin! comme il s'attriste de son absence et témoigne sa joie du plus loin qu'il l'aperçoit! Beaucoup d'autres animaux moins affectueux que le chien se laissent apprivoiser par les bons traitements et les soins, se montrent reconnaissants et attachés aux personnes près desquelles ils vivent. Mais tout naturellement et sans éducation aucune, les animaux s'aiment entre eux. Beaucoup d'espèces ont l'instinct de la *sociabilité*, c'est-à-dire le goût de la société de leurs semblables. Ceux-là se réunissent par troupes, s'aident et au besoin se défendent les uns les autres. D'autres vivent *par couples*, c'est-à-dire deux à deux : le mâle et la femelle, le père et la mère, s'occupant ensemble de nourrir et de défendre leurs petits, se suivant partout, et très-affectueux l'un pour l'autre.

— Vous n'avez pas vu, vous, enfants, un couple de fauvettes ou de chardonnerets, ou bien encore de rouges-gorges familiers, faire leur nid dans un arbre ou sous l'abri d'un toit de chaume? Ils travaillent ensemble : le mâle va plus loin chercher les brins de mousse et les duvets légers. La femelle s'éloigne peu; elle reçoit les *matériaux* du nid, elle les entrelace, les foule, les arrange : c'est le berceau de ses enfants qu'elle prépare d'avance. Mais quand il y a des œufs dans le nid, il faut qu'elle les couve : c'est son devoir de mère. Jour et nuit, presque sans relâche, il faut qu'elle reste sur ses œufs, pour les échauffer sous ses ailes : s'ils se refroidissaient, ils ne pourraient plus éclore. Mais alors, mourra-t-elle de faim? Non, car le mâle est là : pour elle, qui ne doit plus quitter sa place, il va chercher la nourriture; il lui apporte, il lui met dans le bec des moucherons qu'il a attrapés au vol, ou bien des graines, des fruits. Voletant autour du nid, ou perché auprès, sur la branche, il gazouille, il chantonne, comme pour la distraire... N'est-ce pas un petit ménage charmant? Et puis, quand les oiselets seront éclos, sans plumes encore, tous deux alors, et ce ne sera pas de trop, ne seront plus occupés qu'à réchauffer et à nourrir la famille. Plus tard enfin, — quand ils auront des plumes aux ailes, il faudra faire l'éducation de ces enfants-là : je veux dire leur apprendre leur métier, leur métier d'oiseau, qui est de voler. — Et quand on a vu avec quel souci, avec quelle tendresse le père et la mère prennent tous ces soins, il faut bien croire qu'avec leur petite tête qui pense — pas beaucoup, mais un peu! — ils ont aussi un petit cœur qui aime, ah! de toute sa force. — Mais ce ne sont pas seulement des êtres doux et gracieux qui sont capables d'attachement. Les animaux sauvages, même les plus féroces, aiment leurs petits : surtout les mères. Avez-vous vu une chatte jouer avec ses petits chats, les caresser de sa patte, les lécher tendrement? Eh bien, au fond de son repaire, la lionne ou la tigresse cruelle joue ainsi avec ses lionceaux ou ses petits tigres, tendre pour eux seulement. Elle les aime, cette bête, à sa manière sauvage; et si on venait pour les lui prendre, elle les défendrait avec fureur, et se laisserait tuer plutôt que de les abandonner. Quand on veut exprimer une colère terrible, on dit : « terrible comme une tigresse à qui on veut enlever ses petits! » La louve, dans sa forêt, veille nuit et jour sur ses louveteaux. L'ourse n'est occupée qu'à lécher amoureusement ses *oursons :* je suis sûr même qu'elle les trouve très-gentils, tout à fait élégants et mignons... Vous n'êtes pas obligés d'être de son avis. Vous ririez, sans doute, si vous voyiez, parmi la troupe grimaçante des singes, une mère portant son petit laideron de singe sur son bras, le dorlottant, le caressant, le secouant pour le faire taire, ou le débarbouillant au ruisseau malgré ses cris... Puis, à la réflexion, vous penseriez que ces choses, qui prouvent de l'affection, montrent bien encore — et c'est là tout ce que je voulais conclure — que les bêtes ne sont pas de simples machines qui se mouvraient toutes seules. Susceptibles de plaisir et de souffrance, capables, jusqu'à un certain point, de connaissance, de souvenir et de volonté, capables d'aimer, il y a en elles quelque chose qui ressemble, quoique de bien loin, aux *facultés*(1) que nous avons nous-mêmes excellemment.

Tous les animaux, bien entendu, ne sont pas également doués de cette intelligence; ainsi le chien, auquel on peut apprendre tant de choses, peut compter parmi les animaux les plus intelligents : le sérieux éléphant l'est plus encore. Mais c'est au singe malicieux qu'il faut donner le prix. — Au contraire, le lapin est peu intelligent; le porc, le monstrueux hippopotame sont véritablement stupides. — Mais si nous passions à des animaux tout à fait différents? Vous imaginez-vous bien ce que peut être, par exemple, l'*intelligence* d'un ver de terre ou d'un limaçon? quelle sorte de *pensées* peut bien avoir une huître ou une moule collée à son rocher! Ah! évidemment ces êtres-là ont si peu d'intelligence, si peu, qu'autant dire..... pas du tout! — Si pourtant : ils ont encore l'instinct qui leur fait chercher et choisir leur nourriture, l'avaler, faire quelques mouvements, suivant leurs besoins.

Une observation importante. Parmi les animaux, si divers de forme et de manière de vivre, il y en a qui sont organisés d'une façon très-compliquée, c'est-à-dire qui ont un grand nombre d'organes différents. Ceux-là peuvent donc remplir un grand nombre de *fonctions* différentes aussi; ils peuvent, par exemple, exécuter toutes sortes de mouvements. Tels sont le chien, le chat et tous les quadrupèdes semblables, les oiseaux. Mais il y a d'autres animaux qui sont, au contraire, très-*simples*, c'est-à-dire qu'ils ont très-peu d'organes différents : ils ne peuvent donc remplir qu'un petit nombre de *fonctions;* ils ne peuvent, par exemple, faire qu'un petit nombre de mouvements, toujours les mêmes : telle l'huître dont je vous parlais, qui ne peut guère qu'ouvrir un peu et former sa coquille; telle l'*éponge* — car l'éponge est un animal — qui ne peut que s'étaler un peu ou se resserrer...

Eh bien, les animaux qui ont un plus grand nombre d'organes différents, pouvant remplir plus de fonctions, exécuter plus de mouvements divers, sont en même temps les plus capables de sentir, de percevoir, les plus intelligents; ils sont les mieux doués en toute chose : on les appelle les ANIMAUX SUPÉRIEURS. Au contraire, ceux qui n'ont qu'un petit nombre d'organes différents, peu de fonctions à remplir, peu de mouvements à faire, sont aussi — et en réfléchissant cela vous paraîtra tout naturel — les moins sensibles et les moins intelligents : ce sont les ANIMAUX INFÉRIEURS. Entre ces deux extrêmes, le singe, que nous mettrons, comme on dit, « au haut de l'échelle », et l'éponge, avec beaucoup d'autres êtres très-simples qui ressemblent autant à des plantes qu'à des animaux, et qui sont, pour continuer notre comparaison, au bas de l'échelle, il y a tous les *degrés* d'organisation plus ou moins compliquée et d'intelligence plus ou moins développée.

*
* *

(1) On appelle *facultés* le pouvoir qu'un être vivant a de sentir, de percevoir, de juger, de se souvenir, de vouloir, d'aimer, etc.

Qu'il soit simple ou compliqué, plus ou moins sensible et intelligent, un animal a besoin, pour vivre, d'un certain nombre de choses. Si *une seule* de ces choses nécessaires à sa vie vient à lui manquer, il périt. Un animal a besoin de nourriture, d'une certaine quantité d'air pour respirer; de chaleur, sans quoi il mourrait de froid; de lumière, etc. — L'ensemble des choses et des êtres qui entourent un animal, au *milieu* desquels il vit, est ce qu'on appelle, par abréviation, le *milieu*. Nous disons donc : un animal ne peut vivre que dans un *milieu* où il trouve tout ce qui est nécessaire à sa vie. — « Observons bien qu'un animal vit en *prenant* dans son *milieu*, « c'est-à-dire aux choses qui l'entourent, ce qui est nécessaire à son existence. Ainsi le mouton prend ce « qui est nécessaire à l'entretien de sa vie à l'herbe de « son pâturage. Le loup se nourrit en prenant pour « proie les animaux du canton où il rôde. Les poissons « tirent leur nourriture des herbes aquatiques, des vermisseaux, et des poissons plus petits, pris dans les « eaux où ils vivent. — D'une autre manière, par la respiration, les animaux *terrestres* prennent à l'air qui « les entoure certaines substances nécessaires à l'entretien de leur vie (1). Les poissons et les autres animaux « *aquatiques* prennent ces mêmes substances dans l'eau « où ils sont plongés. Il en est de même pour les animaux de toute espèce. C'est ce qu'on exprime en disant : « Les animaux vivent *aux dépens* du milieu où « ils sont. » Mais les animaux, avons-nous dit, ne sont pas tous *organisés* de la même façon : ce qui convient à l'un ne conviendrait pas à un autre, tout autrement bâti Un mouton, par exemple, ne peut se nourrir de chair crue, ses organes de digestion ne sont pas disposés pour la digérer; tandis qu'un loup ne peut se nourrir d'herbe : au milieu de la plus verte prairie il mourrait de faim s'il ne trouvait quelque animal à dévorer. Un poisson retiré de l'eau périt dans l'air; un oiseau enfoncé dans l'eau meurt noyé. Pour qu'un animal vive, il faut qu'il trouve autour de lui tout ce qui convient à son organisation.

« Par un beau jour d'été faisons ensemble une petite « promenade. C'est sur la colline, dans un endroit rocailleux. La roche nue se chauffe au grand soleil. Nous « voyons de jolis lézards verts ou gris montrer leur « petite tête aux fentes de la pierre, ou courir le long « des vieux murs. Mais si nous voulons voir des grenouilles, descendons vers l'étang ou la prairie humide. Le lézard a besoin de chaleur et de sécheresse; « la bête coassante est faite pour la vie des eaux. — « Pour une même raison vous trouverez au bord de « l'eau tous les animaux qui ont besoin de fraîcheur et « d'humidité, qui font leur nourriture de poissons ou de « plantes aquatiques ; dans les champs de blé ou d'orge « les rats des champs qui rongent les grains, les cailles « et les perdrix qui picotent les épis. — Chacun a l'instinct « de choisir ce qui convient à son organisation, à ses « habitudes, le lieu dans lequel il peut vivre selon sa « nature. »

Par une raison semblable vous comprendrez que tous

(1) Et surtout l'oxygène.

les animaux ne peuvent pas vivre dans les mêmes *climats*. « Ainsi certains animaux ont besoin de beaucoup « de chaleur; ceux-là ne pourront vivre que dans les « pays chauds. Les lions, par exemple, les singes, les « éléphants, les chameaux, et, parmi les oiseaux, les per« roquets, les charmants petits colibris et beaucoup d'au« tres, sont ainsi organisés; aussi ne les trouve-t-on que « dans les climats brûlants, près de l'*équateur*. Les loups, « les renards, les bœufs, les moutons, les corbeaux, les « moineaux, etc., etc., ayant besoin de beaucoup moins « de chaleur, se trouvent très-bien dans nos pays *tem« pérés*. Il y a des animaux, entre autres les *ours « blancs* (n° 16), les rennes (n° 32), organisés de telle « sorte qu'il leur faut peu de chaleur. Là où nous se« rions transis, ils se trouvent à l'aise : chacun a son « tempérament. Ces animaux ne peuvent vivre que dans « les pays des *zones polaires*, par exemple en Sibérie, « en Laponie. Un ours blanc souffre de la chaleur chez « nous en plein hiver; un renne mourrait de chaud « dans nos forêts, où un lion, un éléphant mourraient « de froid (1). »

Chaque animal peut vivre en certains pays, dont le climat lui convient, dont les productions peuvent le nourrir, non pas en d'autres. Chaque pays convient à un certain nombre d'animaux, et non pas à d'autres. — L'ensemble de tous les animaux qui habitent dans un même pays forme ce qu'on appelle la *faune* de ce pays.

***

Un moineau, tandis que j'écris, vient becqueter des miettes sur l'appui de ma fenêtre. Cet être frêle, léger, vif, remuant, c'est « un petit quelqu'un, » distinct de tous les autres êtres. C'est, comme on dit, un *individu*. Tous les individus semblables à lui, ayant même forme, même plumage, mêmes instincts, même manière de vivre, forment ce que nous appelons une *espèce* : l'espèce *moineau*. De même les rossignols, différents des moineaux, mais tous semblables entre eux, forment une autre espèce : l'espèce *rossignol*. — Qui sait comment est fait un moineau a le portrait de tous les moineaux; qui sait la manière de vivre d'un rossignol connaît, à très-peu de chose près, la manière de vivre de tous les rossignols possibles. Mais les diverses espèces diffèrent plus ou moins entre elles. Et il y en a un si grand nombre, que s'il fallait étudier l'une après l'autre, en détail, l'organisation et la manière de vivre de chacune, on n'en finirait pas! Que faire donc? — On a d'abord remarqué que beaucoup d'espèces différentes avaient cependant quelque chose de commun. On réunit donc ces espèces en un même groupe. — Par exemple un coq, un canard, un pigeon, un moineau, un perroquet, un épervier : voilà des êtres très-différents, n'est-ce pas, et bien faciles à distinguer les uns des autres. Pourtant tous ont quelque chose de commun : deux *pieds* seulement pour marcher, deux ailes, des plumes, un bec, bien d'autres traits encore. Tous les animaux qui ont ainsi deux pieds, deux ailes, un bec, des plumes, je les réunis par ma pensée en un seul groupe et je leur donne à tous un nom commun : je les appelle des *oiseaux*. Alors, si je veux vous faire connaître un animal de cette sorte, je n'ai plus besoin de vous faire une description complète. Il me suffit de vous dire, par exemple : c'est un oiseau; inutile d'ajouter alors qu'il a un bec, des plumes, deux pattes, etc.; ce seul mot *oiseau* vous dit déjà tout cela. Cet animal est un oiseau, donc il a la forme, les organes *communs* à tous les oiseaux. Et maintenant il ne restera plus qu'à vous dire ce que l'oiseau dont je parle a de particulier, ce qui fait qu'il diffère des autres oiseaux et qu'on peut le reconnaître parmi eux. — Réunir toutes les espèces d'animaux en un certain nombre de groupes, les ranger par ordre, on mettant les unes près des autres celles qui se ressemblent le plus, en disant ce qu'elles ont de commun et ce qu'elles ont de différent, c'est ce qu'on appelle *classer*; la liste ainsi faite est une *classification*. Une classification complète des animaux est une chose très-difficile; pourtant il est impossible de comprendre leur organisation et leur manière de vivre si on ne met pas de l'ordre dans son étude. Faisons donc ensemble un *commencement de classification* : écoutez bien, ce ne sera pas compliqué.

(1) *Lectures expliquées*. C. Delon.

Nous avons dit que tous les animaux, quelle que soit leur taille, leur forme, leur manière de vivre forment ce qu'on appelle le *règne animal*. Eh bien, dans cet immense ensemble, faisons d'abord deux *divisions* : d'un côté les animaux qui *ont des os*, de l'autre ceux qui n'en ont pas. C'est bien simple, n'est-ce pas? » A quelle division appartient le cheval? — A la première division, à la division des animaux qui ont des os. — Et le canard? — Également. — Et le papillon? — A la seconde division, celle des animaux sans os. — Le ver de terre? — Aussi. — A quelle division appartient le *koala*? — Je ne sais pas, direz-vous; je ne connais pas du tout cet animal-là; a-t-il des os? — Il en a. — Donc nous le mettrons dans la première division. » — Vous voyez, c'est très-simple, en principe. Pour savoir à quel groupe appartient un animal, il suffit de connaître *un certain signe*, une certaine manière d'être qui appartient à tous les animaux de ce groupe, non pas aux autres. Ce signe qui permet de reconnaître à quel groupe appartient un animal, c'est ce qu'on appelle un *caractère*. « Quel est le *caractère* des animaux de la première division? — C'est d'avoir des os. »

Les os, comme vous savez, sont des parties dures qui sont placées à l'*intérieur*, dans les parties molles du corps, que l'on appelle, prises ensemble, les *chairs*. Les os servent à soutenir les chairs des grands animaux, dont le corps, sans eux, manquerait de raideur et de force : on compare les os d'un animal à la *charpente*, formée de grosses et fortes pièces de bois, qui soutient les parties plus légères d'une construction. L'ensemble des os d'un animal est ce qu'on nomme le *squelette*. Voici le squelette d'un animal de moyenne taille, le lapin; ce squelette est représenté dépouillé de chair, et cependant rien qu'à le voir vous devinez à peu près la forme de l'animal. Nous y distinguerons deux sortes d'os : *les os des membres*, dont les principaux sont, comme vous le voyez sur ce dessin, de forme allongée ; puis les os de la tête et du corps. Ces derniers ont quelque chose de remarquable. Voyez-vous, depuis la tête jusqu'à la queue, cette rangée de petits os qui semblent enchaînés les uns aux autres comme les grains d'un collier? Chacun de ces os, pris à part, est ce qu'on appelle une *vertèbre*. Leur ensemble forme la chaîne des vertèbres, ou *colonne vertébrale*. En avant, près des épaules, apercevez-vous une suite de petits os grêles et minces qui figurent une sorte de cage? Ces os, qui tiennent aux vertèbres et forment comme les barreaux de la cage, sont les *côtes*. A l'intérieur de cette cage sont renfermés certains organes importants, des organes de digestion, de circulation, de respiration : l'estomac, le cœur, les poumons, d'autres encore. Ces organes, dis-je, sont renfermés dans une cage : il y en a d'autres qui sont cachés *dans une boîte*... Voyez, en effet, la tête de l'animal : ses os, minces, aplatis (qui sont encore des vertèbres) sont réunis et *soudés*, comme collés ensemble, de manière à former une sorte de boîte ; et dans cette *boîte osseuse* qu'on appelle le *crâne*, est renfermé le *cerveau*. Enfin vous distinguez les deux mâchoires qui portent les dents. De tous les os, les principaux, les plus importants étant ceux du corps et de la tête, que nous avons appelés des *vertèbres*, nous nommerons donc *vertébrés* tous les animaux qui ont des os. Nous donnerons aux autres la qualification d'*invertébrés* (c'est-à-dire sans vertèbres).

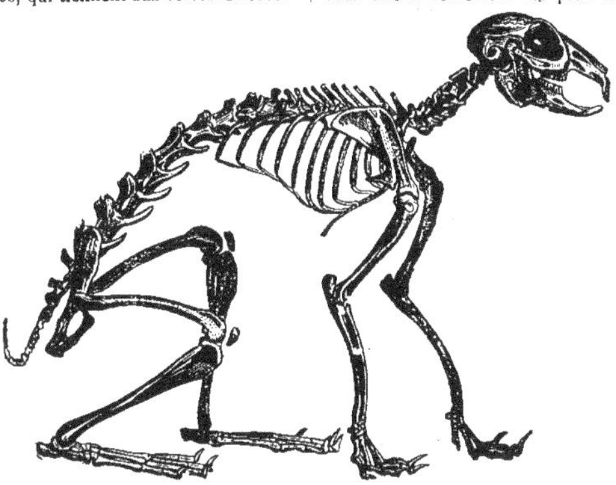

Squelette de lapin.

Dans la grande division des VERTÉBRÉS, nous distinguerons d'abord les animaux qui, comme le chat, le chien, la vache, la chèvre, la brebis, le lapin, *allaitent* leurs petits par des mamelles. Ceux-ci forment la *classe* de MAMMIFÈRES, la plus intéressante de toutes. Parmi les mammifères, les uns vivent sur la terre : ce sont les *mammifères marcheurs ;* ils ont quatre pattes disposées pour la marche, et leur corps est ordinairement couvert de poils. D'autres vivent dans l'eau ; et, nécessairement, leurs pattes sont disposées pour la fonction de nager, et ont, plus ou moins complètement, la forme de *nageoires*. Ce sont les *mammifères nageurs*. Quelques-uns sont totalement dépourvus de poils, et, comme la *baleine* (n° 37), le *dauphin* (n° 38), ont à peu près la forme de poissons. On serait même tenté de les prendre pour des poissons : ce sont bien cependant des mammifères, puisqu'ils ont le *caractère* remarquable d'allaiter leurs petits, d'avoir des mamelles.

Les mammifères forment une *classe* très-nombreuse d'animaux qui diffèrent beaucoup de taille et de manière de vivre. On a donc fait, dans cette classe, plusieurs groupes distincts qu'on appelle des *ordres*. Les animaux de chacun de ces ordres se reconnaissent encore à certains caractères. Ces groupes sont assez nombreux ; je vous citerai seulement les plus remarquables. — Les noms donnés à certains groupes d'animaux vous paraîtront peut-être bizarres. Les savants, vous ne l'ignorez pas, aiment à parler *grec* et *latin*... Ils ont tiré de ces deux langues des noms de consonnance singulière dont nous vous expliquerons la signification.

Le premier *ordre* de la classe des mammifères contient les *singes*, qui se distinguent par le caractère très-curieux d'avoir quatre pattes en forme de mains ; ils ont, plus que les autres animaux, une certaine ressemblance lointaine avec nous. Ce sont les plus intelligents aussi parmi les êtres sans raison.

On donne le nom de *cheiroptères*, — d'un mot grec qui signifie *bras ailés* et que vous pourrez, si vous voulez, prononcer *chauves-souris*, — à ces animaux étranges qui sont des mammifères et qui volent comme des oiseaux, dont le caractère est justement d'avoir les pattes modifiées en forme d'ailes.

L'ordre des *insectivores* contient, ainsi que le nom l'indique, de petits animaux qui font leur proie d'insectes et autres petites bêtes ; exemple, la *taupe*, dont nous avons parlé.

L'ordre des *rongeurs* vient ensuite. On ne pouvait, n'est-ce pas, donner un meilleur nom à celui qui contient le rat, la souris, et en même temps, le lapin, le lièvre, et autres animaux qui se nourrissent en rongeant, grignottant des fruits, des graines, des racines, à l'aide de dents *incisives* tranchantes et aiguës (on appelle dents incisives celles du devant de la bouche).

Les *carnivores*, au contraire, se nourrissent de chair, surtout de proie vivante. Les uns ont des griffes aiguës, comme le chat, le tigre, pour saisir leur proie; les autres, comme le chien, le loup, le renard en sont dépourvus; mais tous ont, aux deux coins de leur bouche, que l'on appelle le plus ordinairement une *gueule*, quatre longues et fortes dents aiguës, qui sont des *canines* (d'un mot qui signifie dents semblables à celles du chien) et qui leur servent à déchirer la chair crue, à ronger les os.

Autrefois, il y a des milliers et des milliers d'années, il existait plusieurs espèces de ces animaux à trompe, dont le caractère est d'avoir le nez modifié pour remplir la fonction de saisir; mais ces grands animaux, semblables à peu près à l'éléphant, ont tous péri; et l'éléphant est maintenant tout seul de l'ordre des *proboscidiens* (animaux à trompe).

De grands animaux, plus ou moins semblables au cheval et à l'âne (n°s 21, 22), forment le groupe qu'on nomme ordre des *jumentés*, c'est-à-dire des *bêtes de somme*. Et de même un certain nombre d'animaux ressemblant au *porc* (n° 25) ont été réunis pour former l'ordre des *porcins*.

Voici maintenant des animaux *herbivores*, dont les uns, comme le bœuf, sont pourvus de cornes, les autres (n° 27), de longs *bois* rameux, comme le cerf; — dont les autres enfin sont dépourvus de bois et de cornes. Pour une certaine raison qui vous sera expliquée plus loin, et qui tient à leur manière de se nourrir, les mammifères de cet ordre sont appelés *ruminants*. Il y a un caractère qui permet de les reconnaître du premier coup d'œil. Nous avons observé la patte du mouton, formée de deux *doigts* courts terminés par deux gros ongles qui figurent ce qu'on appelle un *sabot* de deux pièces, et comme fendu par le milieu. Eh bien, cette forme du pied — le sabot fendu, le *pied fourchu* comme on dit encore, — nous servira à distinguer tous les animaux de l'ordre des *ruminants*.

Parmi les mammifères *nageurs* nous citerons les *phoques* (n° 36) dont les pattes sont, comme nous l'avons observé, modifiées en forme de nageoires; et les *cétacés*, qui, comme la baleine et le dauphin, ont presque la forme de poissons.

Enfin, il faut mettre tout à fait à part, dans un groupe qui forme lui-même plusieurs *ordres*, certains animaux qui ont une conformation tout à fait singulière. Leur caractère, tout particulier, consiste en ce qu'ils sont pourvus d'une *poche*, dans laquelle ils portent leurs petits... Nous vous décrirons plus loin ces animaux bizarres. — Il y a encore quelques autres groupes de mammifères, mais ils sont moins intéressants pour nous, nous n'en parlerons pas.

Passons maintenant aux OISEAUX. A quoi reconnaissez-vous un oiseau? « A ce qu'il a des plumes, non du poil, deux pieds seulement pour marcher, et deux ailes, un bec... » Oui, voilà bien des *caractères* de la classe. J'ajoute qu'ils font des œufs, qu'ils les couvent ordinairement avec assiduité. — Il y a d'autres caractères encore; mais ceux-là nous suffisent pour distinguer les oiseaux parmi les autres vertébrés.

Comme les mammifères marcheurs, les oiseaux ont quatre membres; mais deux seulement sont des pieds: ils servent à marcher. Les deux autres sont des ailes. Qu'est-ce qu'une aile d'oiseau?

Vous souvenez-vous d'avoir étudié avec moi l'aile de la chauve-souris? Qu'est-ce que l'aile de la chauve-souris? disions-nous. C'est son bras, avec sa patte en forme de main, modifiés pour remplir la fonction de voler. Eh bien, l'aile de l'oiseau aussi est une sorte de bras, mais modifié encore davantage. Voici l'aile d'un moineau, supposée dépouillée de sa chair, afin de montrer combien elle ressemble, en effet, à un petit bras...

Squelette d'une aile d'oiseau avec ses grandes plumes.

Vous en voyez les os légers, une épaule (*c*), un coude. En regardant bien vous apercevrez trois doigts, qui forment une sorte de main (*g*) — nous avons déjà vu des animaux mammifères qui n'ont que trois ou deux doigts, même un seul. Mais cette main n'étant pas disposée pour prendre, les os de ses doigts sont renfermés sous la peau, comme ceux d'une main qu'on ganterait dans le pied d'un bas... Pour donner de la largeur à l'aile de la *chauve-souris*, c'est une grande peau étendue entre les doigts; dans l'aile de l'oiseau, ce sont des rangs serrés de longues plumes qui produisent le même effet, c'est-à-dire forment une sorte de rame très-large et très-légère, pour « nager dans l'air », comme vous savez. Rappelez-vous donc ceci encore: « l'aile est un *bras* modifié pour la fonction de voler. » — Quant aux *pieds* des oiseaux, ils sont minces, grêles à proportion, pourvus de longs doigts; ils ont quatre doigts au plus, quelquefois trois ou deux seulement.

Dans la grande et nombreuse *classe* des oiseaux, nous formerons encore plusieurs groupes ou *ordres* divers, tous intéressants à observer.

Le premier ordre se compose d'oiseaux *aquatiques*, d'oiseaux nageurs, comme le *canard* (n° 41). Puisqu'ils sont destinés à la vie des eaux, pensez-vous, il faut qu'ils aient des organes *appropriés* à la fonction de nager. Justement; ce sont leurs pattes qui leur servent de rames pour repousser l'eau; et ces pattes sont *palmées*, comme celles des mammifères nageurs. L'animal est différent; mais la manière dont l'organe — qui est le pied — est modifié pour la fonction de nager est toujours semblable. Nous appellerons donc ces oiseaux des *palmipèdes*. — Parmi ces oiseaux nageurs, il en est qui volent, et ceux-là, bien entendu, sont pourvus de larges ailes. Mais il en est d'autres qui ne quittent presque jamais l'eau. Ils n'ont pas besoin de voler; nager leur suffit. Que feraient-ils de grandes ailes? Ils en ont, mais seulement de très-petites, impropres au vol; — tout juste assez pour qu'on puisse dire qu'ils ont des ailes, et comme pour faire bien voir qu'ils sont réellement des oiseaux.

Patte palmée d'oiseau nageur.

Voici maintenant d'autres oiseaux qui fréquentent les marais. Ceux-ci ne nagent pas. — « Ils n'ont donc pas les pattes palmées, direz-vous. » — Très-bien dit. Mais ils entrent dans l'eau peu profonde, près du bord, pour y chercher les petits poissons, les têtards, les grenouilles et autres bêtes aquatiques dont ils font leur nourriture. Aussi sont-ils plantés sur de longues, longues et minces jambes, de telle sorte qu'entrant dans l'eau ils ne se mouillent pas le corps... Ainsi bâtis, ils ont l'air d'être montés sur des *échasses*... C'est pourquoi on leur a donné le nom pittoresque d'*échassiers*. Mais je connais certains oiseaux qui ne vivent pas près des eaux, dans les marais. Ceux dont je veux parler ne volent pas: leurs ailes ne sont pas conformées pour cela. Il importe, n'est-ce pas, qu'ils puissent se mouvoir rapidement; et puisqu'ils n'ont pas d'ailes capables de voler, il serait bon qu'ils eussent de longues jambes pour bien courir! — Ils en ont en effet; et à cause de ce *caractère*, nous les mettrons aussi dans le groupe des *échassiers*.

Ceux de l'ordre suivant volent; mais presque tous volent peu et lourdement; ils préfèrent marcher à terre. Ils vivent de graines, de vermisseaux. On les reconnaît à la ressemblance très-frappante qu'ils ont avec le *coq et la poule*, qui sont le *type*, c'est-à-dire comme le modèle des oiseaux de ce groupe. C'est pourquoi ces oiseaux sont appelés *gallinacés*, d'un mot qui signifie ressemblant au *coq* (en latin *gallus*) et à la poule (en latin *gallina*).

L'ordre des oiseaux *grimpeurs*, tels que les pics (nº 55), qui ont pour habitude de grimper le long du tronc des arbres, est facile à reconnaître: ces oiseaux ont les doigts armés de longues griffes recourbées pour s'accrocher aux branches, à l'écorce des arbres; mais ces griffes ne sont pas tranchantes.

Au contraire, les oiseaux de l'ordre suivant, tels que les aigles, les éperviers, les hiboux, tous ces oiseaux de proie qu'on appelle les *rapaces*, ont aux pattes des ongles longs, forts, aigus, recourbés et tranchants, des *serres*, avec lesquels ils saisissent leur proie, comme certains mammifères carnivores avec leurs griffes. — Le bec de ces oiseaux, énorme à proportion, fort, dur, tranchant et crochu, est disposé pour la fonction de déchirer la chair, comme les dents canines aiguës des mammifères carnivores. Et, en effet, ils sont les *bêtes féroces* parmi les oiseaux, aussi cruels, aussi destructeurs que les loups et les tigres.

Les petits, légers et pacifiques oiseaux des champs et des bois, hirondelles et moineaux, fauvettes et rossi-

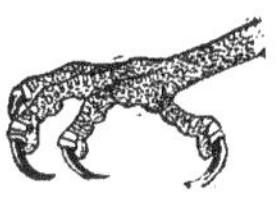

Bec crochu et serre d'oiseau de proie.

gnols, etc., qui se nourrissent d'insectes, de vermisseaux, de fruits et de grains, forment l'ordre des *passereaux*. Ils ont de petites pattes frêles et minces, de longs doigts pourvus d'ongles longs aussi et recourbés, mais très-fins; leur bec est droit et pointu. Leur plumage est souvent orné des plus belles couleurs. Ce sont les plus jolis des oiseaux; presque tous chanteurs, presque tous très-utiles pour nous, défenseurs de nos récoltes: nos petits amis enfin, nos meilleurs *alliés*, qu'il faut protéger avec soin.

Patte de passereau.

Les REPTILES, qui forment la troisième *classe* des animaux vertébrés, sont beaucoup moins sympathiques... Ce sont des animaux *rampants*, comme leur nom vous le dit. Leur peau n'a ni poils ni plumes; elle est couverte d'*écailles* luisantes. Ils font des œufs, comme les oiseaux, mais ils ne les couvent pas. Les uns, tels que le lézard (nº 70), ont des pattes; d'autres, les serpents, en sont totalement dépourvus. — On distingue parmi les reptiles plusieurs ordres que je vous nomme seulement ici, parce que je vous en décrirai plus loin les *caractères*: l'ordre des *serpents*, l'ordre des *sauriens* ou *lézards*, l'ordre des *crocodiliens* qui comprend diverses espèces de crocodiles; enfin celui des *chéloniens*, — c'est du grec encore: disons, en français, des *tortues*.

Les vertébrés de la classe suivante ressemblent beaucoup aux reptiles; mais ils ont quelque chose de tout particulier et de bien étonnant, dont nous avons dit un mot déjà, à propos de la grenouille. Ils ont pour *caractère* d'avoir des *métamorphoses*, de changer de forme et de manière de vivre à un moment de leur existence: ce sont, comme nous le disions, des animaux qui changent de métier et d'outils. On les désigne par le nom de BATRACIENS, — d'un mot grec qui signifie *grenouille*, parce que tous, en effet, ressemblent plus ou moins à la grenouille, et sont, comme elle, des animaux aquatiques: ils passent dans l'eau au moins la moitié de leur vie.

Les POISSONS, eux, y passent la leur tout entière. Ils forment une classe très-nombreuse d'animaux très-faciles à reconnaître. — A quoi reconnaissez-vous un poisson? — « Il vit dans l'eau... » dites-vous. Oui; mais les baleines, les dauphins et bien d'autres animaux grands ou petits vivent aussi dans l'eau, et cependant ne sont pas des poissons. Les poissons ont le corps couvert d'écailles ; rarement leur peau est *nue*. Ils sont pourvus de nageoires minces et demi-transparentes. Ils font des œufs, mais ils ne les couvent pas. De plus, à l'intérieur, ils ne sont pas organisés comme les mammifères ou les oiseaux. — Mais, tout d'abord, les *poissons* sont-ils des animaux vertébrés ? ont-ils des os ? — « Ils ont des *arêtes*. » — Et qu'est-ce qu'une arête ?

Une arête est une sorte d'*os*, moins dur, moins raide, plus flexible et plus élastique que les os des mammifères et des oiseaux. Voici le squelette d'un poisson, qui vous donnera une idée de la disposition de ces os flexibles. Mais, bien mieux encore, observez par vous-mêmes, quand il vous arrivera de manger du poisson. Vous trouverez tout d'abord au milieu du corps ce qu'on appelle vulgairement la *grande arête*. C'est plutôt une longue suite d'arêtes : chacune de ces arêtes à deux pointes est une vertèbre, et leur ensemble est l'*épine vertébrale*. Les poissons sont donc bien des vertébrés. Remarquez encore les larges os minces de la tête, presque semblables à des écailles, qui forment la *boîte du crâne* du poisson, où est logée leur cervelle. Les poissons ont peu de cervelle... au propre comme au figuré : je veux dire qu'ils sont très-peu intelligents.

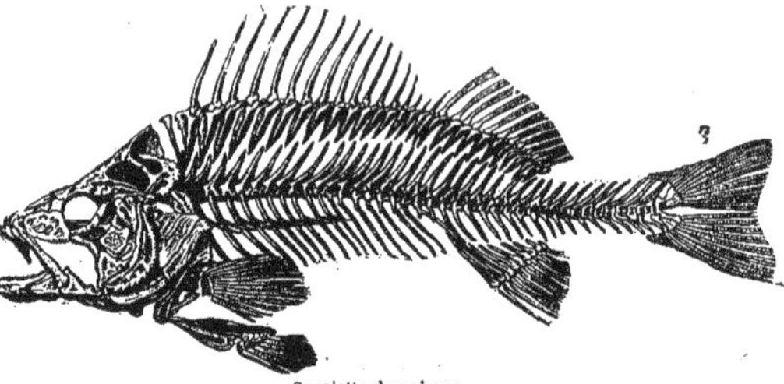
Squelette de poisson.

Papillon.

Il y a, dans la classe des poissons, plusieurs *ordres* comme dans celles des mammifères et des oiseaux. Mais cette *classification*, difficile à comprendre, ne nous est pas nécessaire ; nous n'en parlerons pas.

Nous en avons donc fini avec les *vertébrés*. Pour classer les animaux qui ne sont pas pourvus de vertèbres, les savants ont formé plusieurs grandes divisions : nous examinerons seulement les groupes les plus intéressants pour nous.

Parmi les animaux dits ARTICULÉS, pour exprimer que leur corps est formé de plusieurs pièces distinctes réunies d'une certaine manière remarquable, nous trouvons tout d'abord la grande et importante classe des INSECTES. Il sera intéressant pour vous d'en connaître les caractères.

Voici un papillon, une mouche, une guêpe, une fourmi : ce sont des insectes que vous connaissez tous. Remarquez d'abord que le corps de ces petits animaux est divisé en *trois* parties distinctes : la tête, le ventre appelé *abdomen* ; entre les deux, cette partie à laquelle sont attachées les pattes et les ailes, et qu'on nomme *corselet* ou *thorax*. Tous ont six pattes ; de plus, leur tête porte deux petites cornes légères de forme variée qui ont le nom d'*antennes*. Quant aux ailes, le papillon et la guêpe en ont quatre, la mouche deux seulement, et cette fourmi que nous avons là sous les yeux n'en a pas du tout. — Eh bien, vous connaissez maintenant les *caractères* communs à tous les insectes, et qui permettent de les reconnaître à coup sûr : le corps divisé en trois parties ; six pattes, des antennes ; des ailes le plus souvent, pas toujours cependant. Ajoutons encore un autre trait fort remarquable : presque tous les insectes ont des *métamorphoses* ; et ces changements de forme et de manière de vivre sont extrêmement curieux à observer, étonnants, merveilleux parfois ! Voyons si vous saurez vous servir de ces caractères. Voici un petit animal vo-

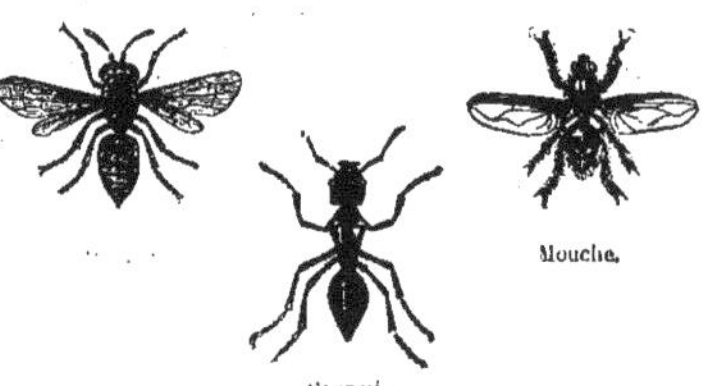
Mouche.

Fourmi.

lant fort joli, très-commun dans nos jardins et que vous connaissez bien sans doute : la brillante *cétoine*. Observez : a-t-elle le corps divisé en trois parties. « Oui ; cela se voit très-bien. » Combien de pattes? — « Six. » Des antennes? — « Oui, et des ailes. » C'est un insecte. Et cette araignée velue (n° 93) ? Elle a le corps divisé en *deux parties* distinctes seulement, non pas trois ; elle a huit pattes, pas d'antennes. Ce n'est pas un insecte.

Dans la grande classe des insectes on a formé plusieurs groupes ou *ordres* que nous allons passer très-rapidement en revue. Les *caractères* qui permettent de distinguer les espèces de chacun tiennent à la forme des ailes : chose facile à observer. L'ordre des *coléoptères* ou insectes *à ailes en étuis* contient les insectes qui ont quatre ailes, deux minces et légères servant à voler les deux autres plus fortes et plus épaisses se repliant au-dessus pour renfermer les premières comme dans une sorte d'étui, afin de les protéger : exemple, le *hanneton* (n° 82). Les *orthoptères* sont des insectes à ailes minces, droites, qui se replient comme un éventail de papier que l'on referme : exemple, la sauterelle. Les *hémiptères*, ont quatre ailes ; mais certaines dispositions de leur bouche permettent de les distinguer des *hyménoptères* qui ont aussi quatre ailes légères, transparentes, et qui ressemblent beaucoup à l'*abeille*, le *type* des insectes de cet ordre. Les *névroptères* ou insectes à *ailes en réseau* sont faciles à reconnaître à la manière dont leurs ailes sont rayées en façon des mailles de réseau : je vous citerai comme exemple la *libellule* ou *demoiselle* (n° 85), léger insecte qu'on voit voltiger dans les prairies, sur le bord des ruisseaux. Les *lépidoptères* ou papillons, munis de quatre belles et grandes ailes saupoudrées comme d'une fine poussière sont les plus beaux des insectes. Il ne me reste plus à citer que les *diptères* ou insectes à deux ailes seulement, tels que la mouche ; et les *aptères* ou insectes privés d'aile, comme la *puce*.

Quant aux *métamorphoses* des insectes, je vous les décrirai avec quelques détails en vous faisant l'histoire des espèces les plus intéressantes ; je veux seulement vous dire ici en quoi consistent ces merveilleuses transformations. Quand le petit animal sort de l'œuf, il n'a pas encore, le plus souvent, tous les organes qu'il doit avoir plus tard. Sous cette première forme, sans ailes, il ressemble plus ou moins à un simple ver : il est ce qu'on appelle une *larve*. La larve se nourrit, croît ; puis un jour, par une première transformation, elle passe à l'état de *nymphe*. Sous cette seconde forme, l'animal, presque toujours immobile et comme engourdi, mangeant peu ou point, n'est occupé qu'à une chose : se préparer à sa seconde métamorphose. Enfin cette seconde métamorphose se fait, et le petit être est devenu *insecte parfait* et complet, pourvu de tous ses organes. Et afin que vous jugiez mieux combien ces transformations sont grandes, étonnantes, je vous représente ici un insecte sous ses *trois formes* successives de *larve*, de *nymphe* et d'*insecte parfait*. Voici par exemple, le petit ver blanchâtre qui est la *larve* de la guêpe : comme elle ressemble peu au joli et fâcheux insecte piquant que vous connaissez ! Raide, engourdi et comme emmailloté, ses petites pattes et ses ailes déjà formées mais serrées contre le corps, voilà le même *individu* transformé en *nymphe* ; puis ses ailes et ses pattes achèvent de se former et se dégagent ; voyez l'insecte parfait, élégant et léger. Une *larve*, petite, vive, allongée, poilue, sans ailes, habite les eaux des mares et des bassins d'arrosage (n° 92) : transformée en *nymphe*, voyez : sa tête est devenue énorme. Sous cette forme l'animal se meut encore dans l'eau ; mais il ne prend plus de nourriture. Un beau jour il brise son enveloppe, sort de sa peau comme d'un fourreau... Il en sort, mince, frêle, léger, pourvu de six longues pattes grêles, de deux ailes transparentes : c'est un *cousin*, qui voltige avec un petit bruit aigu et agaçant. Il a passé de l'eau dans l'air. Sous ces trois formes, le même être : il a changé en même temps d'aspect, de vie et de milieu. — Qu'est ce que ceci? « Une chenille. » Cette petite bête rampante et vorace, qui ronge avidement les feuilles, si je l'appelais, moi, un *papillon* ? La chenille, c'est le papillon sous sa première forme, sous la forme de *larve*. Mais voyez donc cet animal étrange, collé à la tige d'une plante ou caché sous la mousse, presque immobile, semblable à un *poupon* étroitement emmailloté... Qu'est-ce encore ? C'est le *papillon* sous une autre forme ; il est à l'état de *nymphe* ou de *chrysalide*. Sa dernière transformation se prépare. — Puis un jour, dans la prairie, vous poursuivez follement, en vous jouant, un être charmant, léger, aérien, qui voltige capricieusement et fait resplendir au soleil les vives couleurs de ses grandes ailes. Il se pose sur une fleur, moins brillante que lui ; de sa *trompe* déliée il suce un peu

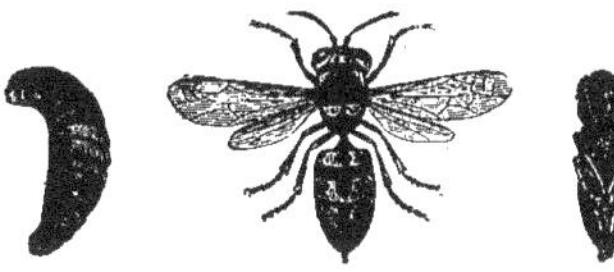

La guêpe à l'état de larve. — La guêpe à l'état d'insecte parfait. — La guêpe à l'état de nymphe.

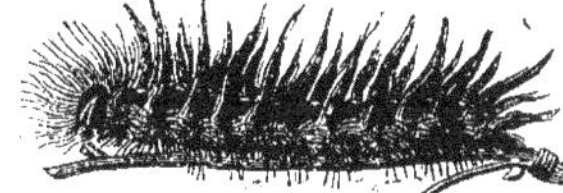

Chenille, ou larve de papillon.

Chrysalide, ou nymphe de papillon.

de miel au fond du calice. C'est le papillon encore : c'est le même individu que nous avons vu ramper, *chenille* rongeuse ; le même que nous avons vu, immobile, engourdi, à l'état de *chrysalide*. — En même temps qu'il a changé d'outils, comme nous disions, le petit être a changé de métier. Il était bête rampante, le voilà insecte volant. Ses fonctions et ses organes, tout est transformé à la fois. — Ah ! pensez-vous, ce serait bien curieux de « voir comment se fait la métamorphose ! Il faudrait bien « être là, juste au moment où l'insecte quitte sa vieille « peau de chrysalide endormie, dégage ses ailes et se « réveille papillon ! » C'est un spectacle bien curieux en effet ; et l'occasion de l'observer n'est pas rare. En cherchant, en guettant, avec un peu de patience... Mais du moins en attendant, je vous expliquerai avec quelque détail comment se passe cette merveilleuse transformation, quand je vous parlerai de ces jolis insectes.

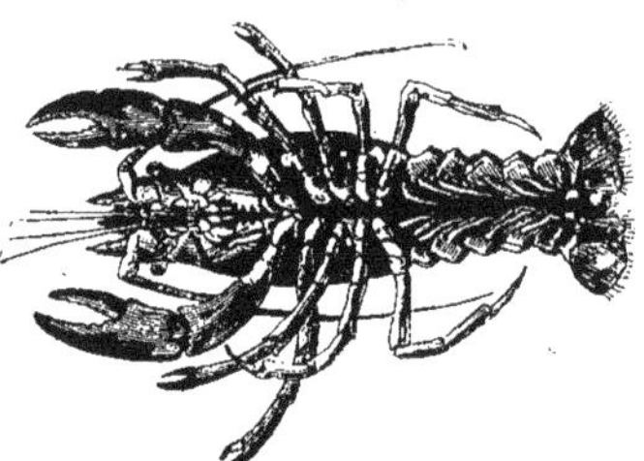

L'écrevisse, vue en dessous, montrant ses deux pinces et ses huit autres pattes.

L'*araignée*, avons-nous dit, n'est pas un insecte. Avec le laid et dangereux *scorpion* et quelques autres bêtes à *huit pattes*, elle forme une classe à part, la classe des ARACHNIDES, c'est-à-dire, en grec toujours, des animaux organisés comme l'araignée. — Puis vient la classe des CRUSTACÉS, dont le corps est couvert d'une sorte de *croûte*, d'enveloppe dure, et dont l'*écrevisse* vous offre le meilleur exemple. Les plus intéressants de ces animaux ont, comme l'écrevisse, *dix pattes*, dont les deux *antérieures* (de devant) souvent énormes à proportion, sont modifiées pour la fonction de saisir, et ont la forme de *pinces* : ce sont comme les mains de l'animal.

Je ne ferai que que vous nommer la classe nombreuse des VERS, animaux de forme allongée, à corps mou, sans pattes, rampant sur la terre ou nageant dans l'eau, et dont le *ver de terre* est le plus facile à observer.

Dans la grande division des MOLLUSQUES on réunit d'autres animaux dont le corps est mou, et qui sont organisés différemment. Les mollusques sont très-nombreux : les uns vivent sur la terre, les autres dans l'eau ; le plus grand nombre habitent les eaux salées de la mer. Ces animaux sont rangés en plusieurs *classes* et *ordres* différents ; mais cette classification, trop difficile, ne nous est pas nécessaire. Nous observerons seulement comme en passant que beaucoup d'animaux mollusques ont leur corps mou protégé par une sorte de boîte dure et résistante, qui est pour ainsi dire comme leur maison : cette boîte dans laquelle se renferme l'animal, c'est ce qu'on appelle une *coquille*. Souvent la coquille est toute d'une seule pièce : exemple, le limaçon, que vous connaissez bien. D'autres fois la coquille est faite de deux pièces comme une véritable boîte à charnière cette boîte s'ouvre ou se ferme à la volonté de l'animal : voyez l'*huître*, la *moule*, que nous servons sur nos tables. — D'autres mollusques sont nus, c'est-à-dire dépourvus de coquille dure, comme la *limace* de nos jardins, qui n'est, pour ainsi dire, qu'un limaçon sans maison...

Animal rayonné vu de face. (Polype tubulaire, n° 98.)

Enfin, il est encore deux grandes divisions dont l'une contient, des animaux appelés RAYONNÉS, parce que leurs organes, intérieurs ou extérieurs, sont disposés comme les rayons d'une roue : ainsi que ce dessin vous le fera comprendre. Nous en dirons un mot en vous parlant du *corail* (n° 98) : la plupart vivent dans les eaux de la mer. L'autre renferme des êtres très-simples de forme, ayant très-peu d'organes, ordinairement petits, quelquefois même imperceptibles pour nos yeux : on les nomme PROTOZOAIRES, ce qui (en grec encore), signifie les *plus simples des animaux*. Ceux qui échappent à notre vue peuvent être aperçus au moyen d'un instrument qu'on nomme *microscope*, et dont je vous parlerai plus tard : ils sont souvent appelés *animaux microscopiques*.

Mais c'est assez ; je ne veux pas vous retenir plus longtemps. Vous avez une idée de ce qu'on appelle *organe*, *fonction*, *milieu* ; une notion des grandes divisions du règne animal : nous pouvons nous entendre. Puissent ces courts *récits* n'être pour vous qu'une introduction à une étude plus sérieuse de la *Zoologie*.

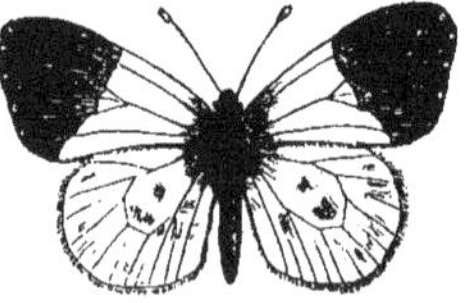

CENT RÉCITS

D'HISTOIRE NATURELLE

I. — LES GRANDS SINGES

Classe des MAMMIFÈRES. Ordre des SINGES.

De tous les singes, voici ceux qui ressemblent le plus à l'homme : le GORILLE, l'ORANG, le CHIMPANZÉ. Et vous voyez que la ressemblance est encore bien lointaine ! Le gorille est le plus grand ; il dépasse la taille d'un homme moyen : il est d'une force prodigieuse. Son corps épais, ses gros membres sont couverts de poils ; ses bras énormes sont terminés par deux mains difformes, larges, épaisses et velues. Ses pieds aussi ont presque la forme d'une main, les pouces de ces pieds se repliant en face des autres doigts pour saisir. Son cou est très-court, sa tête très-grosse ; il a le front bas, étroit, de gros yeux sauvages, le nez aplati, une bouche comme une gueule, avec des dents énormes.

Cet animal marche plié, en posant ses quatre pattes à terre ; mais il peut se dresser debout et faire quelques pas ainsi. Il monte très-bien aux arbres. Il fait sa nourriture de fruits, de noix, qu'il broie entre ses dents. Le gorille est un animal terrible ; sauvage, féroce même et indomptable, il n'attaque pas ordinairement les hommes, mais s'il est attaqué, il devient furieux et alors son aspect est redoutable : il grince des dents, pousse des rugissements affreux. On ne peut l'apprivoiser. Le gorille habite les forêts de l'Afrique centrale.

Le Chimpanzé.

Le CHIMPANZÉ, qui vit dans les mêmes pays, est beaucoup plus petit, moins sauvage et plus intelligent. Il se tient mieux debout, est plus adroit de ses mains ; il sait même se bâtir dans la forêt une sorte de hutte, ou plutôt un nid avec un toit de branches et de feuillage. Le chimpanzé a la tête plus arrondie, le museau moins avancé ; ses oreilles plus grandes et mieux faites, ses yeux plus vifs, toute sa figure, quoique très-laide, rappelle mieux une face humaine. Pris très-jeune, il peut être apprivoisé, et alors il devient doux et affectueux pour ses maîtres. Par l'éducation, son intelligence se développe ; il imite très-bien les actions qu'il voit faire. On a vu des chimpanzés apprivoisés mettre et ôter le couvert, s'asseoir à table, manger avec la cuiller et la fourchette, s'essuyer les lèvres avec la serviette, verser à boire, servir le thé, jouer avec les enfants. Ils sont très-joyeux des caresses, et craignent d'être grondés, demandent pardon par les gestes les plus piteux si on les menace... Ils paraissent moins brusques et plus réfléchis que les autres singes ; mais ils sont gourmands, voleurs, et dérobent tout, quand on ne les surveille pas.

Les ORANGS-OUTANGS, qui vivent en Océanie, ont à peu près la taille et les habitudes des Chimpanzés ; on peut aussi les apprivoiser. On remarque qu'ils sont très-vifs et très-intelligents quand ils sont tout jeunes : mais en vieillissant, ils deviennent plus farouches, prennent un air abêti et brutal. — Les *gibbons*, autres singes de grande taille, ressemblent moins à l'homme. Leurs membres sont longs et grêles, leurs doigts très-longs, leur poil épais. Ils sont d'un naturel plus doux et plus timide que les précédents ; attaqués, ils s'enfuient, soit en courant, soit en grimpant aux arbres. Les gibbons vivent par troupes nombreuses dans les régions du sud de l'Asie et dans les îles voisines ; ils se nourrissent surtout de fruits, de grains, de racines ; ils ravissent les œufs des oiseaux et font la chasse aux insectes. Ils s'apprivoisent facilement, mais ils sont moins intelligents que les orangs et les chimpanzés.

LE GORILLE.

II. — LES SAPAJOUS

Classe des MAMMIFÈRES. Ordre des SINGES.

Les SAPAJOUS sont des singes de moyenne taille, qui vivent par grandes troupes dans les forêts de l'Amérique du Sud. — Dans l'ordre des *Singes* sont les premiers, les plus intelligents parmi les animaux. On remarque d'abord les grands singes, ceux qui ressemblent le plus aux hommes par la forme, malgré leur laideur; puis parmi les singes de plus petite taille on distingue les *singes à queue prenante* de ceux qui n'ont pas de queue ou ont une queue non prenante. Les sapajous sont de ceux qui ont cette singulière faculté de saisir avec leur queue, en l'enroulant autour des objets; c'est pour eux comme une cinquième main, en outre de leurs quatre autres... car ces animaux ont leurs pattes de derrière qui sont en forme de jambes, aussi bien que celles de devant toutes semblables à des bras, terminées par de petites mains laides, velues et ridées, mais fort adroites, faites pour saisir et grimper. Les sapajous sont d'une agilité merveilleuse; ils se tiennent le plus souvent dans les bois, courant d'arbres en arbres comme des écureuils, s'accrochent aux branches par leur queue prenante, et se balancent ainsi suspendus. Ils sont vifs, remuants, capricieux, folâtres; ils jouent entre eux, se querellent, se font mille agaceries, poussant des cris aigus, insupportables. Ils vivent surtout de fruits, qu'ils savent éplucher fort adroitement, et portent à leur bouche avec leurs petites mains: ils dérobent les œufs des oiseaux dans leurs nids. Ce sont des pillards redoutables; si une troupe de singes envahit un jardin, un verger, en peu de temps les fruits sont volés, emportés, les légumes arrachés, tout est dévasté. — Les femelles de ces animaux portent leurs petits dans leurs bras ou sur leur dos, les allaitent, les soignent tendrement et les défendent avec courage. — Les *singes hurleurs*, ainsi appelés à cause des cris affreux qu'ils poussent et qu'on entend de fort loin, ressemblent beaucoup aux sapajous; ils portent une sorte de collier de barbe épaisse. Les *atèles* sont plus minces et d'un naturel plus doux. Tous ces animaux vivent en Amérique. Les singes de l'Ancien Continent n'ont jamais la queue prenante.

Famille de singes hurleurs.

Nasique et son petit.

Citons parmi eux les *guenons*, à longue queue, les *nasiques* qui ont un nez extrêmement long, en sorte que leur visage semble une affreuse caricature. Les *cynocéphales*, non moins laids, sont extrêmement méchants, indomptables, féroces même. Les *magots*, au contraire, qui n'ont point de queue, et qui à cause de cela ressemblent un peu plus à l'homme, sont faciles à apprivoiser; mais à l'état sauvage, vivant en grandes troupes, ils font d'affreux ravages dans les jardins et les plantations. Remarquons enfin que les singes sont tous habitants des pays chauds; aucune espèce ne vit dans les climats où les hivers sont rigoureux.

SINGES JOUANT DANS UNE FORÊT D'AMÉRIQUE.

III. — LA CHAUVE-SOURIS

Classe des MAMMIFÈRES. Ordre des CHEIROPTÈRES.

La CHAUVE-SOURIS est un animal de forme étrange, un mammifère volant. C'est bien un mammifère : il suffit d'observer ses quatre pattes, son corps couvert de poils, la forme de sa tête, pour ne pas pouvoir en douter. Les ailes de la chauve-souris ne sont pas semblables aux ailes emplumées des oiseaux. Imaginez une patte étendue, dont les doigts, excessivement grêles et allongés, sont réunis par une peau très-légère et très-mince, figurant comme la soie tendue d'un parapluie, dont les longs doigts représenteraient les baleines... Avec cette comparaison, vous vous ferez une idée juste des ailes de la chauve-souris. La peau qui les forme s'étend non-seulement entre les quatre doigts longs et minces des pattes de devant, mais le long de cette espèce de bras, le long du corps, aux pattes de derrière, et dans certaines espèces jusqu'à la queue; en sorte que si l'animal la replie, il peut en envelopper tout son corps comme d'un manteau. Les pattes de devant, en outre des quatre doigts allongés, ont un pouce court, terminé par un ongle recourbé; les pattes de derrière ont des griffes semblables à tous les doigts. Les chauves-souris allaitent leurs petits, elles les portent et les abritent entre leurs ailes repliées. Ces animaux étranges volent avec prestesse; mais à terre ils marchent très-lentement et avec difficulté en se traînant sur leurs moignons. Les chauves-souris sont toutes des animaux nocturnes. Le jour elles se retirent dans les lieux sombres, les cavernes, les fentes de rochers, les ruines; elles y restent immobiles, non pas posées à terre, mais accrochées, suspendues la tête en bas par les griffes de leurs pattes, le long du rocher ou de la muraille. Elles sont là dormant, comme engourdies, enveloppées dans leurs ailes. Le soir, elles sortent de leurs trous, voltigeant sans faire de bruit, et vont chercher leur nourriture. — Il y a plusieurs espèces de chauves-souris. La plus commune chez nous, la *pipistrelle*, est de la grosseur d'une souris; elle a le poil gris ou brun grisâtre, les ailes grises. C'est un animal timide, inoffensif ou plutôt utile, car elle se nourrit d'insectes. En voltigeant le soir autour de nos maisons, elle fait sa chasse, saisit au vol les insectes nocturnes, presque tous nuisibles ou incommodes. Les *oreillards* sont des chauves-souris plus grandes, dont la tête est surmontée d'énormes oreilles en forme de feuilles demi-roulées — j'entends énormes à proportion de la taille de l'animal. Une autre espèce, appelée chauve-souris *fer-à-cheval*, porte au nez une petite feuille redressée, fourchue, semblable à une paire d'oreilles, ce qui lui donne un aspect tout à fait bizarre. En Asie et en Océanie, vivent d'énormes chauves-souris, appelées *roussettes*. Celles-là, tout au contraire des nôtres, font de grands dégâts, parce qu'elles se nourrissent de fruits. Enfin une autre espèce, de grande taille aussi et plus malfaisante, le *vampire*, qui habite l'Afrique, suce parfois, la nuit, le sang des bestiaux ou même des hommes endormis.

Chauve-souris marchant.

CHAUVE-SOURIS ROUSSETTE.

CHAUVE-SOURIS VAMPIRE.

IV. — LA TAUPE

Classe des **Mammifères**. Ordre des **Insectivores**.

Les Taupes sont de petits mammifères de l'ordre des *insectivores,* ainsi appelés pour exprimer qu'ils vivent surtout d'insectes. La taupe est un animal fouisseur; elle passe sa vie à fouiller la terre. Son corps est épais et arrondi, son museau pointu, sa queue très-courte; tout cela couvert d'un poil ras, fin et doux, de couleur noire. Les quatre pattes de l'animal sont sans poil, armées d'ongles; celles du devant surtout sont énormes à proportion du corps, semblables à de petites mains, avec des ongles très-forts pour gratter la terre. On a dit souvent que la taupe est aveugle : c'est une erreur. La taupe a des yeux, mais très-petits, presque cachés sous le poil; elle voit, mais elle voit très-peu. Elle est pourvue de fines dents, bien tranchantes.

La taupe creuse son chemin sous la terre avec une rapidité extraordinaire. Elle se fait d'abord un nid, c'est-à-dire un trou, ou plutôt un terrier. La taupe mère élève ses petits dans ce nid souterrain, et leur apporte à manger des vermisseaux et des insectes. Toute cette famille dévorante en fait une consommation énorme. La taupe est un animal d'une voracité effrayante, insatiable, plus féroce, et, à proportion de sa taille, plus destructive qu'un lion ou un tigre... Mais ce qu'elle détruit ainsi, ce sont les insectes nuisibles à nos récoltes. D'un côté, la taupe nuit à nos champs en bouleversant la terre pour y creuser ses taupinières; de l'autre, elle nous est utile, en dévorant les insectes. Les agriculteurs les plus instruits et les plus avisés, en faisant la compensation, trouvent que le service est plus grand que le dommage, et sont d'avis qu'on ne détruise pas les taupes.

Hérisson et ses petits.

Voici maintenant deux autres animaux du même ordre, qui ne fouissent pas, ne gâtent pas nos champs et qu'il faut surtout épargner : ce sont les *musaraignes* et les *hérissons.* La musaraigne a la taille et à peu près l'aspect d'une petite souris des champs; son poil est gris sur le dos, blanc sous le ventre. Mais son museau est beaucoup plus pointu que celui de la souris, et sa queue est pourvue de poils. Elle détruit un grand nombre d'insectes. Le hérisson est de la taille d'un chat; sa petite tête ressemble un peu au groin d'un porc; il a la queue et les pattes très-courtes, le dos couvert de très-gros poils, très-raides, sortes d'épines ou de piquants qu'il peut coucher et redresser à son gré. S'il est attaqué, il se roule en cachant sa tête entre ses pattes et redressant ses piquants : il a alors l'aspect d'une boule « hérissée » de pointes, et il ne serait pas facile de le saisir. Cet animal ne mange jamais de fruits, ne ronge aucune racine; il ne vit que d'insectes et de bêtes nuisibles : hannetons, larves voraces, reptiles; il détruit les vipères, qu'il croque avidement, sans souci de leur morsure. Il faut donc se garder de détruire ces utiles animaux qui protégent nos récoltes et même notre vie.

Musaraigne.

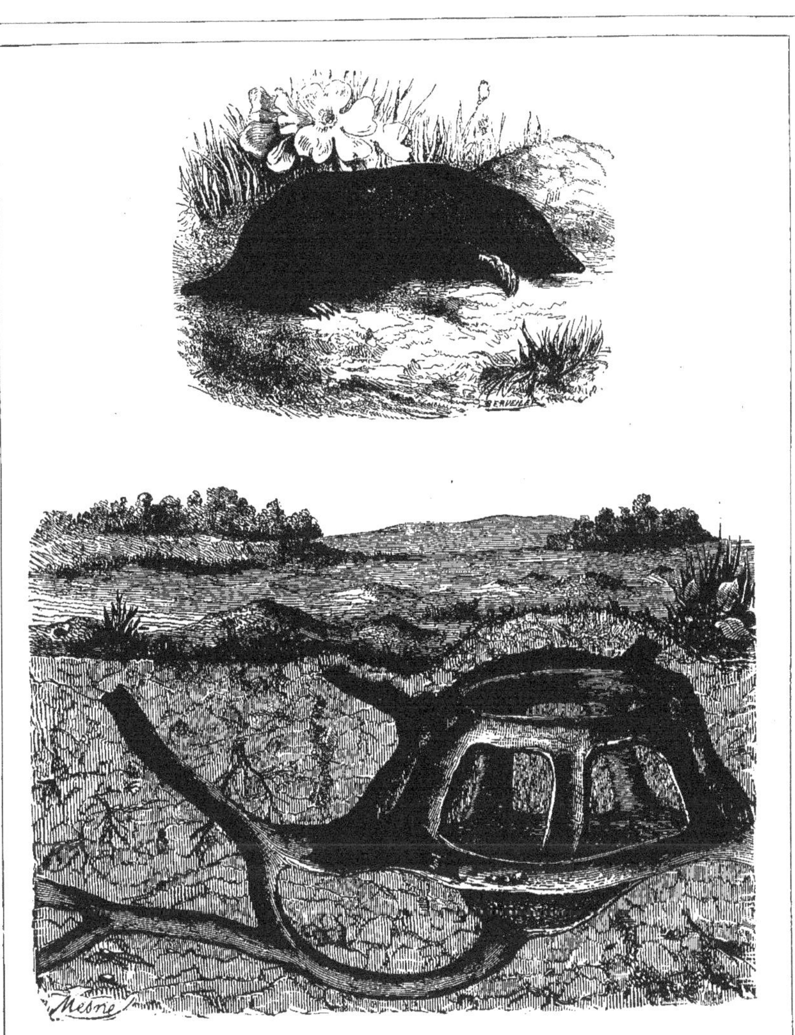

LA TAUPE ET SON TERRIER.

V. — LES RATS

Classe des **Mammifères.** Ordre des **Rongeurs.**

Les plus incommodes des rongeurs, ce sont les RATS. Le rat noir ordinaire a la tête pointue, la bouche armée de longues dents tranchantes, des griffes aux pattes, une longue queue sans poil. Il atteint souvent la taille d'un petit chat. Le rat gris est plus fort encore. Ces animaux sont extrêmement voraces ; ils rongent tout, le bois même, les livres, les vêtements ; mais ils préfèrent de beaucoup le grain, les noix, les légumes, les fruits, le pain, la farine, le fromage, la viande et le poisson, tous nos aliments enfin ; et quand ils peuvent pénétrer dans nos maisons, ils font un dégât considérable. Les rats habitent les lieux obscurs, caves, greniers, celliers ; le jour ils se cachent dans les trous de muraille ; la nuit ils vont à la maraude par les champs et les jardins, les granges, les cuisines s'ils peuvent. Les *mulots* ou rats des bois vivent dans les champs et les bois, et causent beaucoup de dommages aux récoltes. Les *souris* sont beaucoup plus petites et bien plus gentilles que les rats. Elles sont moins sauvages. Elles se glissent dans nos appartements, se cachent sous les planchers et jusque dans nos meubles. La nuit, elles sortent pour ronger les miettes tombées à terre, les légumes oubliés sur la table, le linge dans les armoires ; elles passent par les plus petits trous. La souris a le poil doux, de couleur grise, quelquefois blanche. Elle est timide, leste, éveillée, espiègle et s'apprivoise facilement. C'est un joli petit animal, qu'on ne chercherait pas à détruire sans le dommage qu'il cause dans nos maisons. Le petit rat des moissons est beaucoup plus petit encore et tout mignon : voyez-le grimper à une tige de blé, qui plie à peine ! Il se fait, entre quelques chaumes qu'il sait attacher ensemble, un charmant petit nid d'herbes entrelacées, arrondi, tout semblable à un nid d'oiseau. Il vit de graines, de fruits, il mange si peu ! — Les *campagnols* sont beaucoup plus voraces ; d'ailleurs tous ces petits rongeurs multiplient très-rapidement ; chaque mère élève une nichée de six ou huit petits. Ils finissent parfois par devenir si nombreux dans un canton, que les récoltes sont toutes ravagées : ce sont donc des animaux très-nuisibles, et qui nous feraient beaucoup plus de tort encore, si les chouettes et les hiboux, ces utiles oiseaux, n'en détruisaient un très-grand nombre.

Le petit rat des moissons et son nid.

Mulot.

Campagnol.

LE RAT.

LA SOURIS.

VI. — LE CASTOR

Classe des Mammifères. Ordre des Rongeurs.

Voici un petit travailleur d'un instinct charmant, d'une industrie vraiment merveilleuse : le Castor. Cet animal est gros comme un chien de moyenne taille ; il a le corps épais, la tête large, de petits yeux, des oreilles courtes et rejetées en arrière ; sa lèvre supérieure, fendue jusqu'aux narines, comme celle du lapin, laisse voir de longues dents, fortes et tranchantes. Son corps est revêtu d'une épaisse fourrure de poils bruns, blanchâtres seulement sous le ventre. Ses pattes de derrière sont palmées ; c'est-à-dire qu'entre ses doigts il y a une peau tendue, comme celle qui réunit les doigts de la patte du canard ; ses pattes de devant, non palmées, ont les doigts plus longs, armés de fortes griffes. La queue du castor est longue, large, plate, dépourvue de poils, couverte d'écailles qui

Le castor.

rappellent celles des poissons. Voilà le travailleur et ses outils naturels : voyons maintenant ses habitudes et ses travaux.

Les castors sont des animaux aquatiques. Ils nagent et plongent fort agilement : leurs pieds de derrière, palmés comme nous l'avons dit, leur aident fort pour cela. Ces animaux vivent en société, dans de petits villages bâtis au bord des rivières et des étangs. Ils commencent par construire une sorte de digue pour arrêter le cours de l'eau. Cette digue est faite de pieux de bois, fortement enfoncés dans le lit de la rivière, de branchages entrelacés et de terre tassée ; elle a quelquefois plus de vingt mètres de longueur, trois ou quatre mètres d'épaisseur. Ces industrieux travailleurs coupent avec leurs dents de petits troncs d'arbres, de grosses branches ; ils les amènent à leurs travaux et les enfoncent avec leurs pattes, tandis que d'autres coupent et amènent à la digue les rameaux feuillus des arbres abattus ; ils les entrelacent entre les pieux pour empêcher l'eau de passer ; puis, avec des cailloux et du limon servant de mortier, ils bouchent soigneusement tous les joints. Ce grand ouvrage construit en commun, chaque famille se bâtit une cabane formée de branches entrelacées, maçonnée d'argile que le castor pétrit avec ses pattes et dresse avec sa queue. La maison est de forme ronde ; elle a jusqu'à trois mètres de hauteur, et ses murs de terre sont fort épais. Elle est bâtie tout au bord de l'eau et a plusieurs ouvertures, les unes vers l'eau, les autres vers la terre. Cette gentille cabane a deux ou trois étages ; deux ou trois familles de castors y vivent en bonne intelligence. Les castors vivent

Ondatras.

de racines, de fruits, de poissons, surtout du bois tendre et succulent des jeunes pousses d'arbres. A l'automne, ils recueillent une grande provision de branches et d'écorces, les entassent dans l'eau près de leurs cabanes. Pour empêcher ce bois, qui est plus léger que l'eau, de flotter et de s'en aller au courant, ils le chargent de pierres et l'entourent de pieux enfoncés semblables à ceux qui forment leur digue : c'est ainsi que dans les ports de mer on garde en réserve le bois destiné à la construction des vaisseaux. Ce sont leurs magasins de vivres pour l'hiver. Ces industrieux animaux étaient autrefois très communs dans nos pays ; ils y sont aujourd'hui très-rares. C'est surtout en Amérique qu'on les rencontre.

L'*Ondatra*, autre rongeur aquatique qui ressemble au castor, mais qui est de plus petite taille, sait aussi se construire des cabanes au bord des étangs.

CASTORS CONSTRUISANT LEUR DIGUE.

VII. — L'ÉCUREUIL

Classe des MAMMIFÈRES.

Ordre des RONGEURS.

Souvent, en se promenant par les sentiers des bois, on voit s'enfuir dans les buissons et s'élancer aux branches des arbres un petit animal de couleur brune, si leste, qu'on a à peine le temps de l'apercevoir. C'est le gentil écureuil, qui se distingue des autres mammifères de l'ordre des rongeurs par sa belle queue, son corps fluet, sa mine éveillée et ses mouvements gracieux. Cet animal a la taille d'un petit chat ; il est couvert d'une épaisse fourrure de longs poils bruns. Son museau ressemble un peu à celui du lapin ; il a de petites oreilles droites, terminées par un pinceau de poil. Ses pattes sont pourvues d'ongles crochus à l'aide desquels il grimpe au tronc des arbres avec une agi-

Écureuil de France.

lité étonnante. Timide et sauvage, il vit dans les bois ; sans cesse il va, vient, court de branche en branche, saute d'un arbre à l'autre sans toucher terre, comme s'il volait. L'écureuil vit de graines, d'amandes, de noyaux, de châtaignes, de noisettes et autres fruits sauvages, qu'il recueille sous les arbres, ou prend aux branches. A-t-il trouvé, par exemple, une noisette, il s'assied sur ses pattes de derrière repliées, relevant sa belle queue en panache ; de ses pattes de devant il saisit adroitement la noisette, la porte à sa bouche comme avec des mains, brise l'enveloppe dure du fruit entre ses petites dents aiguës, puis ronge, grignote l'amande. L'écureuil a l'instinct de la prévoyance : quand les fruits dont il se nourrit abondent sous les arbres, il fait des provisions pour l'hiver. Sous quelque grosse racine il creuse son magasin : un trou profond où il entasse châtaignes, noix, noisettes, noyaux de toute espèce ; il prévoit que la nourriture deviendra rare : quand les gelées sont venues, il saura bien les retrouver. Ce gentil animal — chose bien rare parmi les mammifères — sait se construire un nid : oui, un vrai nid, dans un arbre, comme un oiseau... Ce nid est fait de petites bûchettes entrelacées, garni de mousse, et pourvu d'un toit pour éviter la pluie. Là se retirent le père, la mère et leurs trois ou quatre petits. Les écureuils restent au nid pendant la nuit, et aussi

Ptéromys de l'Inde.

pendant la chaleur du jour ; ils sortent le soir et le matin. Quelquefois on les voit, le père, la mère et les petits, jouer, gambader sur l'herbe au pied de l'arbre où ils ont leur nid.

Il y a en Asie et en Amérique des écureuils dits *écureuils volants*, dont la peau forme entre les pattes un repli qui s'étend quand l'animal veut sauter ; ce qui fait comme une aile étendue ; ou plutôt c'est comme un parapluie ouvert, qui retarde sa chute et lui permet de sauter plus loin ; c'est l'espèce que représente notre gravure.

Le *ptéromys* de l'Inde, l'*anomalure*, qui vit en Afrique, sont d'autres espèces d'écureuils volants.

ÉCUREUILS VOLANTS.

VIII. — LES LAPINS

Classe des **Mammifères**. Ordre des **Rongeurs**.

Rien n'est plus curieux que de voir, le soir, les LAPINS sauvages jouer au clair de lune. Les lapins, les lapines avec leurs petits lapereaux, bondissent, gambadent de la façon la plus gentille : au moindre bruit, ils se précipitent dans leurs trous ; en un clin d'œil tout a disparu. Le lapin est un animal doux et timide. Ceux qui vivent dans les bois, à l'état sauvage, se creusent des trous profonds dans la terre ; au fond de ces terriers ils se cachent le jour et dorment. La mère lapine, qui a de nombreux petits, y élève en sûreté sa petite famille. Elle fait pour eux une couche d'herbes sèches recouverte d'un matelas moelleux de poils qu'elle s'arrache à elle-même. Les lapins se réunissent en société assez nombreuse. Le lieu où ils ont fait leur demeure est percé en tous sens des trous de leurs terriers : c'est ce qu'on nomme une *garenne*. Dans une garenne, tous les terriers communiquent entre eux par des galeries souterraines longues et tortueuses. Leurs ouvertures sont cachées sous de grosses racines ou dissimulées sous les buissons. Le soir, à la brune, et le matin de bonne heure,

Lapins domestiques.

les lapins sortent, vont par les champs chercher leur nourriture. Ils vivent de carottes, de betteraves, de pommes de terre, de légumes et de fruits de toute sorte, d'herbes délicates ; et comme ils sont très-nombreux, ils font souvent de grands dégâts dans nos champs et nos vergers. Le lapin est un gentil animal de l'ordre des *rongeurs*. Il a la tête fine, les yeux éveillés, de très-longues oreilles qu'il abaisse et redresse à volonté ; sa lèvre supérieure est fendue jusqu'au nez. Ses dents de devant sont très-fortes, très-aiguës, bien faites pour ronger, brouter, grignoter. Ses pattes de devant sont courtes, celles de derrière longues, sa queue extrêmement courte. Il est fort leste et se plaît à gambader joyeusement par les buissons ; il ne court pas, il avance par bonds rapides. Son corps est revêtu d'une douce et chaude fourrure. Les lapins de garenne sont toujours gris avec le ventre blanc ; mais ceux qu'on élève en domesticité sont de couleurs variées : il y en a de blancs, de gris, de roux, de noirs, de tachetés. Cet animal, du reste, s'apprivoise très-facilement ; on le nourrit de choux, de carottes, de débris de légumes. Il est alors très-doux et très-familier, mais il perd sa vivacité. Le poil du lapin sert à faire le feutre, dont on fabrique des chapeaux et des chaussures.

LAPINS JOUANT AU CLAIR DE LA LUNE DANS UNE GARENNE.

IX. — LE LIÈVRE

Classe des MAMMIFÈRES. Ordre des RONGEURS.

Le lièvre est un rongeur de la même famille que le lapin, auquel il ressemble beaucoup. Le lièvre a, comme le lapin, la tête fine, de grands yeux, de très-longues oreilles qu'il abaisse ou redresse, tourne en avant ou en arrière à volonté; la lèvre supérieure fendue jusqu'aux narines, enfin de longues et fortes dents incisives (dents de devant) pour ronger les écorces et les racines. Son corps est revêtu d'une fourrure épaisse et douce de poil gris-brun sur le dos et la tête, blanc sous le ventre; il a la queue très-courte. Ses pattes sont longues et fortes; mais au lieu d'avancer toujours par sauts, comme le lapin, il court; il court avec une légèreté extrême. Autre différence encore : les lapins se creusent des terriers; les lièvres n'ont pas l'instinct de se faire une demeure, ni même de se réfugier dans un terrier abandonné par les lapins. Le lièvre gîte, c'est-à-dire se repose, non pas même sous l'abri d'un buisson touffu, mais en plein champ, entre deux sillons, ou près d'une touffe d'herbe. C'est un animal extrêmement timide, doux, sans défense, et qui ne sait que fuir. Le jour, il reste blotti dans son gîte, le soir il part pour aller chercher sa nourriture. Ce sont des herbes fines, des écorces, des pousses d'arbres, des racines; il déterre dans les champs, pour les ronger, carottes, navets, betteraves; il broute les laitues, les légumes

Lièvre fuyant.

de toute sorte. Tout en broutant, protégé par l'obscurité, il écoute, il dresse ses longues oreilles; au moindre bruit d'un fruit qui tombe de l'arbre, d'un insecte qui passe, il prend frayeur et s'esquive. C'est que le pauvre animal sait bien qu'il a des ennemis acharnés : loups et renards, martes, belettes, aigles, milans et faucons, toutes bêtes de proie enfin lui font la guerre; sans compter les chasseurs qui le poursuivent pour le mettre dans leur gibecière : car le lièvre, vous savez, est un excellent gibier. Mais il n'est pas toujours facile de l'atteindre : il court bien ! Puis le lièvre est rusé; quand il est poursuivi, il va, revient sur ses pas, cherche à embrouiller sa trace, bondit tout à coup de côté, ou bien se tapit sous un buisson, traverse à la nage une rivière, ou va se cacher au milieu des roseaux. La femelle du lièvre se nomme *hase*. N'ayant point de terrier pour abriter sa petite famille, elle garde ses petits levrauts auprès d'elle dans son gîte, puis les conduit aux champs lorsque le jour baisse.

Les lièvres, s'ils devenaient trop nombreux, causeraient de très-grands dommages dans nos récoltes; mais comme les bêtes de proie en dévorent beaucoup, que les chasseurs aussi en tuent un certain nombre, il est rare qu'on ait beaucoup à se plaindre de leurs dégâts. Les lièvres sont très-communs dans les pays froids du Nord; leur poil, gris l'été, y devient, l'hiver, blanc comme la neige.

LE LIÈVRE.

X. — LE CHAT

Classe des **Mammifères.** Ordre des **Carnivores.**

Tout le monde connaît le **Chat**; il y a pourtant plusieurs observations intéressantes à faire au sujet de cet animal qui est le type — c'est-à-dire comme le modèle — d'une nombreuse famille d'animaux carnivores, de bêtes féroces redoutables... C'est que le chat lui-même, quand il vit à l'état

Chat angora.

sauvage, est une véritable bête féroce, malgré sa petite taille, un animal farouche et destructeur. Si vous voulez avoir une idée du tigre, de la panthère, regardez le chat : voyez son corps allongé et flexible, sa démarche oblique et tournoyante, sa tête, large du front, étroite du museau, ses grandes moustaches formées de quelques poils longs et raides, ses oreilles courtes et droites, qui se tournent en avant ou en arrière à la volonté de l'animal, sa belle et chaude fourrure de poils doux et soyeux. Remarquez encore sa langue rude, la forme de ses dents et de ses griffes ; ses quatre longues et fortes dents canines aiguës; ses griffes crochues et rétractiles, c'est-à-dire pouvant s'allonger et se retirer à volonté. Quand il marche, quand il joue ou caresse et fait, comme on dit, patte de velours, le chat ramène ses griffes en arrière; elles ne s'usent pas sur le sol, elles restent toujours aiguës, et s'il veut saisir ou se défendre, il les allonge et les replie en crochet. Il voit la nuit; son œil est si sensible que la plus

Chatte jouant avec ses petits.

faible lueur lui suffit. De plus les yeux du chat brillent, la nuit, d'une lueur verdâtre, comme deux petites lanternes. Les chats sauvages ont la taille et la couleur de nos chats gris rayés ; ils vivent dans les forêts, se cachent le jour au plus épais du fourré, sortent la nuit pour chas-

Chat tigré.

ser. Ils font leur proie des rats et souris des champs, de petits oiseaux, de lièvres même et de lapins, de cailles et de perdrix. Ils sont très-destructeurs, extraordinairement farouches. Nos chats sont des chats sauvages apprivoisés et devenus domestiques. Les chats domestiques sont très-variés pour la couleur de leur fourrure : il y a des chats gris rayés, fauves rayés, des chats blancs, noirs, gris-ardoise ; d'autres sont tachetés de différentes couleurs. Les chats *angoras* apportés de Perse ont le poil extrêmement long et doux. Malgré ce qu'on a dit, ils sont fort susceptibles d'attachement ; maltraités ou négligés, ils reprennent quelque chose de leur caractère sauvage, méfiant et farouche ; si on les soigne, si on les caresse, ils deviennent très-doux et très-familiers. Les chats sont très-propres, aiment beaucoup la chaleur, craignent l'eau. La chatte est très-attachée à ses petits ; elle les caresse, les lèche, joue avec eux, et rien n'est plus gracieux que ces petits chatons, vifs, gais et mignons, s'ébattant autour de leur mère.

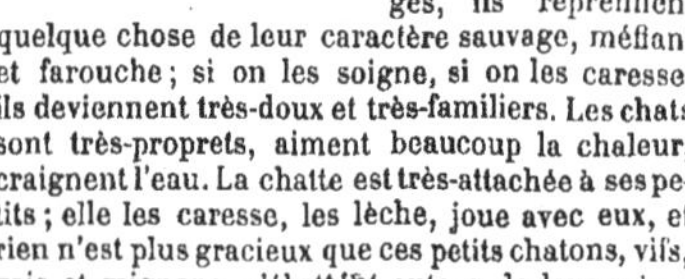

LE CHAT SAUVAGE.

XI. — LE TIGRE

Classe des MAMMIFÈRES. Ordre des CARNIVORES.

Le TIGRE, cet animal cruel et terrible, n'est pas autre chose qu'un énorme chat d'une force prodigieuse, excessivement sauvage et féroce. — Ceci n'est pas une simple ressemblance par à peu près. Parmi les mammifères carnivores, on a distingué plusieurs familles formées d'animaux organisés d'une façon semblable. La plus remarquable est la nombreuse famille des chats, grands et petits. Les grands, — le lion, le tigre surtout, et plusieurs autres dont nous allons parler, — sont tout semblables, sauf la taille, à votre minet familier. Voyez cette belle tête avec son corps souple et élégant, sa belle fourrure de poils lustrés rayée de grandes bandes sur le dos, comme celle de certains chats gris ; cette robe est fauve, blanchâtre sous le ventre, rayée de brun et de noir sur la tête, les pattes, le dos, les flancs et la queue. Cette queue, c'est tout à fait une queue de chat. Et la tête, donc, avec ses oreilles dressées, ses yeux brillants et farouches sous les sourcils froncés, ce nez, ces longues moustaches ; et cette gueule avec ces canines terribles ! Les pattes de la bête féroce ont les griffes recourbées, aiguës et *rétractiles*, comme celles du chat, c'est-à-dire pouvant se retirer en arrière, ou tout à coup s'allonger, saisir... et quel coup de griffe ! Le tigre est un des carnivores les plus féroces et les plus destructeurs. Dans les pays chauds de l'Asie, où il vit, il se cache le jour dans les fourrés impénétrables des forêts ; la nuit il se glisse pour guetter sa proie : puis subitement il s'élance d'un bond terrible, la saisit, l'emporte et la dévore. Un tigre emporte une chèvre, une gazelle, comme un chat fait d'une souris.

Tête de léopard.

Tête de panthère noire.

Il est plus audacieux encore que le lion : quand il a faim, ou s'il est attaqué, il se précipite sur les hommes mêmes. Chaque année un certain nombre de personnes sont dévorées par les tigres. — La tigresse allaite, soigne tendrement ses petits, qui jouent autour d'elle comme de jeunes chats autour de leur mère. Ces animaux, on le comprend, sont extrêmement difficiles à apprivoiser ; on ne peut y réussir qu'en les prenant tout petits. La PANTHÈRE est beaucoup plus petite, moins forte et moins terrible, mais tout aussi féroce que le tigre. Son poil fauve, au lieu de raies, est orné de jolies taches brunes et noires régulières. Cet animal vit aussi en Asie. Une espèce de panthère toute noire est renommée pour sa férocité. Le LÉOPARD est une grande espèce de panthère qui habite l'Afrique. Le JAGUAR, semblable au Léopard, mais presque aussi fort que le tigre, vit en Amérique. L'Once, l'Ocelot, le Serval, le Lynx sont des espèces plus petites et de couleurs diverses, appartenant toutes à la redoutable société des grands chats.

Le jaguar.

LE TIGRE.

XII. — LE LION

Classe des Mammifères. Ordre des Carnivores.

La plus redoutable des bêtes de proie, c'est le seigneur Lion — que l'on a appelé le « roi des animaux ». Mais c'est un roi cruel, qui dévore ses sujets ! Le lion est, comme le tigre, un animal carnivore de la famille des grands chats; mais il ressemble moins au chat que le tigre. Le lion a parfois presque la taille d'un âne; son corps est long, ses pattes sont courtes et grosses, il a d'énormes ongles, aigus, recourbés, rétractiles, c'est-à-dire pouvant se retirer ou s'allonger à volonté, comme les griffes du chat. Il a une grosse tête, les oreilles courtes, l'œil terrible, la gueule large et des dents canines extrêmement longues, fortes, aiguës ; son museau est pourvu de très-longs poils raides semblables aux moustaches du chat. Sa tête, son cou, sa gorge, sont revêtus d'une épaisse crinière flottante de grands poils rudes et fauves : le reste du corps est couvert de poil ras, fauve aussi; sa queue, longue, rase, recourbée, se termine par une grosse touffe de poils. Quand il est bien repu, tranquille, les yeux à demi fermés, couché sur le flanc ou marchant à pas lents, le lion a un air grave, vraiment majestueux; mais s'il est affamé ou en colère, s'il se rase à terre comme un chat prêt à s'élancer, allongeant ses griffes, ouvrant sa gueule énorme, et poussant des rugissements sourds, se battant les flancs avec sa queue et hérissant sa crinière, alors la majesté disparaît, et le fond du caractère de la bête, je veux dire la férocité, se montre. Le lion est d'une force prodigieuse; il fait sa proie de grands animaux, moutons, chèvres, bœufs, vaches, gazelles, girafes, sur lesquels il se jette, et qu'il emporte pour les dévorer : un lion peut courir, sauter un fossé, emportant une chèvre, un bœuf même. Quand il bondit, d'un saut il peut franchir un mur élevé. Le lion est un animal nocturne; il se cache le jour dans le plus profond de la forêt, le soir, il sort de son repaire pour chercher sa proie ou aller boire à la rivière. Il fait alors entendre son rugissement, qui est un hurlement rauque et effrayant : on l'entend de très-loin. Alors aussi il ose rôder autour des troupeaux, se précipiter sur les bêtes, malgré les cris, les coups de fusil des bergers effrayés. La lionne est semblable au lion, mais plus petite, et sans crinière. Elle élève ses lionceaux avec tendresse, les lèche, joue avec eux comme la chatte avec ses petits chats; si on osait attaquer ses lionceaux, elle deviendrait plus furieuse et plus terrible que le lion lui-même. Les lions vivent en Asie et en Afrique; ils sont malheureusement trop communs en Algérie, où ils dévorent beaucoup de bestiaux, et parfois même des hommes. En Amérique vit un animal de même famille que le lion et aussi féroce, mais beaucoup plus petit, le *Couguar*. C'est un « grand chat » fauve comme le lion, sans crinière. Cet animal est très-destructeur, il fait beaucoup de ravage parmi les troupeaux; mais il est peu à craindre pour les hommes, parce qu'au lieu de se défendre, il s'enfuit lâchement lorsqu'il est attaqué.

Couguars.

LE LION.

XIII. — LE CHIEN

Classe des Mammifères. Ordre des Carnivores.

Le cheval, l'âne, le bœuf sont les serviteurs de l'homme ; mais le chien est son ami. — Pourtant le chien est un animal de l'ordre des *carnivores*, de la même famille que le loup et le renard auxquels il ressemble beaucoup. — Observez ses quatre grosses dents, fortes et aiguës, dépassant beaucoup les autres, qu'il a aux deux côtés de la gueule, et qu'on appelle justement dents canines, c'est-à-dire dents de chien. Tous les animaux carnivores ont des dents canines semblables pour déchirer la chair crue. Mais le chien n'a pas de griffes pour saisir sa proie, comme le chat ou le tigre ; ses ongles ne sont pas rétractiles, c'est-à-dire ne peuvent pas se retirer ou s'allonger à volonté ; il marche sur ses ongles, ce qui les use et les émousse. — Le chien est donc un animal naturellement sauvage, féroce même, comme le loup, comme toute bête de proie. Mais il est intelligent, disposé à s'attacher, et très-susceptible d'éducation. — Et voyez comme l'éducation l'a changé, transformé ! D'animal féroce qu'il était, il est devenu doux, obéissant, très-fidèle surtout et dévoué à son maître. Il nous rend mille services : il accompagne le chasseur et poursuit le gibier, il garde la maison, le troupeau, défend courageusement son maître. On peut lui apprendre beaucoup de choses. Du reste, vous comprenez par ce que nous venons de dire que les qualités du chien dépendent surtout de la manière dont il est élevé. Est-il soigné, caressé, il est confiant, bon, affectueux ; si on le néglige, il reste un peu sauvage et défiant ; si on a l'injustice et la cruauté de le maltraiter, il devient hargneux, toujours prêt à aboyer et à mordre. Le chien est naturellement carnivore, avons-nous dit ; mais, apprivoisé, il s'habitue à se nourrir à peu près des mêmes aliments que nous. — A première vue, tout le monde reconnaît un chien ; il serait pourtant assez difficile de dire à quoi : tant ces animaux sont différents les uns des autres. Les uns sont grands, les autres sont de petite taille ; ils sont noirs ou blancs, bruns ou fauves, de couleur unie ou tachetée ; ils ont le poil rude ou doux, ras ou long, droit ou frisé et laineux ; les uns sont épais, les autres de forme très-svelte, très-amincie ; les uns ont les pattes courtes, et les autres les ont fort longues. — C'est qu'il y a plusieurs races différentes, qui proviennent de divers pays. Les chiens de berger sont des *mâtins*, c'est-à-dire des chiens de grande race, à poil rude, aux pattes fortes, aux oreilles dressées comme celles des loups, auxquels ils ressemblent plus que les autres chiens. Les chiens *danois* sont les plus grands de tous. Voyez cet élégant lévrier, grand, élancé, mince : pattes longues et grêles, petites oreilles rabattues, tête fine, museau pointu, poil ras et doux : le joli animal ! Une autre race beaucoup plus petite lui ressemble de forme : la race des frêles et frileuses levrettes. Parmi les chiens à long poil, citons les *épagneuls*, les *barbets* grands et petits, les meilleurs encore parmi toutes ces bonnes bêtes ; puis les *chiens-loups*, les petits *bichons* frisés. Les *bassets* ont les pattes très-courtes, les oreilles larges et pendantes. Les *dogues* forts et de grande taille, avec un gros museau, sont d'excellents chiens de garde. Les *bouledogues*, plus petits, fort laids, sont souvent hargneux et sauvages ; il est bon de s'en défier.

Petits bichons.

Bouledogue.

LE LÉVRIER.

LE BARBET.

XIV. — LE LOUP

Classe des Mammifères. Ordre des Carnivores.

Dans nos pays où il n'y a ni lions, ni tigres, ni panthères, le Loup est le plus fort et le plus redoutable des animaux qui vivent de proie. Il est de la taille d'un très-gros chien. Le loup, du reste, est de la famille du chien, c'est-à-dire qu'il lui ressemble très-fort : seulement il a l'air beaucoup plus sauvage. Le loup a la tête large, le museau pointu; des deux côtés de la gueule deux longues dents canines aiguës, comme celles du chien, mais plus fortes encore. Il a les oreilles droites, l'œil rouge, perçant et défiant, regardant de travers... Ses pattes, larges et fortes, ressemblent aussi à celles du chien; il a une queue fournie de grands poils, et qui va traînant derrière, tandis que le chien redresse la sienne.

Le loup sortant du bois.

Cet animal est ordinairement de couleur fauve grisâtre; il y en a de bruns et de noirs. Le loup vit en sauvage dans les plus épaisses forêts; le jour, il reste caché dans les taillis, la nuit, il sort du bois et va cherchant sa proie. C'est un animal vorace et destructeur; il guette les lapins dans les garennes, les lièvres aux champs, les volailles aux environs des fermes. Il se glisse sans bruit — vous savez, on dit « à pas de loup » — rôde autour des troupeaux. Il ose se jeter au milieu du troupeau, saisir un agneau ou une brebis, et s'enfuir en emportant sa proie, malgré les cris du berger et les chiens qui le poursuivent. Les louves élèvent leurs louveteaux au plus profond de la forêt. Quand ceux-ci ne tettent plus, le père les nourrit en leur apportant la proie; puis il les emmène avec lui à la chasse, et leur apprend leur métier de brigands.

Ordinairement, les loups n'osent pas attaquer l'homme. Moi-même, une nuit, traversant une forêt, j'ai été suivi par cinq ou six loups, dont je voyais les yeux briller dans l'ombre, comme des yeux de chat... Ils n'osèrent approcher. Pourtant, l'hiver, quand la neige est sur la terre et qu'ils ont grand'faim, ces animaux deviennent extrêmement féroces et dangereux. Ils vont par troupes, s'approchent, le soir, des fermes et des villages. Ils ont quelquefois dévoré des enfants. Certains vieux loups de grande taille sont vraiment des bêtes terribles, et qu'il ne ferait pas bon rencontrer la nuit, au coin d'un bois. Dans les pays du Nord, où ils sont en grand nombre, les loups vivent par grandes troupes et sont très-dangereux.

Comme ces animaux féroces causent de grands dommages, on leur fait la chasse afin de les détruire. Ils étaient fort communs autrefois en France; ils y sont maintenant assez rares.

En beaucoup de pays, notamment en Algérie, on trouve des animaux appelés *chacals*, tout à fait semblables à de petits loups, ayant à peu près les mêmes habitudes. Les chacals suivent, dit-on, les lions et les panthères pour se nourrir des restes de leur proie.

FAMILLE DE LOUPS DANS LA FORÊT.

XV. — LE RENARD.

Classe des Mammifères. Ordre des Carnivores.

Parmi les animaux carnivores de nos pays, le plus rusé, le plus pillard, celui qui nous cause le plus de dommages, c'est le Renard. Le renard ressemble un peu au loup, mais il est beaucoup plus petit. Il a la taille d'un petit chien ; son corps est beaucoup plus allongé, plus fluet. Il a le museau très-pointu, la gueule armée de dents aiguës, les oreilles droites. Ses yeux rouges, malins et perçants, brillent dans l'ombre comme ceux des chats. Tout son corps est couvert de longs poils de couleur brune-rougeâtre, quelquefois presque noire, qui forment une épaisse et chaude fourrure ; il traîne après lui une longue et belle queue, garnie de poils touffus. Le renard est un animal sauvage et nocturne. Le jour, il dort caché dans son terrier, creusé profondément sous la terre en quelque bois écarté. La nuit, il sort en rôdant, s'approche des maisons, sans bruit, cherchant à surprendre quelque proie. Il est extrêmement rapace et destructeur, il dévore les lièvres et les lapins, les cailles, les perdrix aux champs ; les poulets, les canards, les oies dans les poulaillers et

Renard guettant une poule.

dans les cours des fermes, quand il parvient à y pénétrer : or, maître renard est un rusé et habile compère... Il se glisse dans l'ombre, profite des moindres trous ; l'oreille au guet, il avance avec précaution, et se défie des piéges : au moindre bruit il prend la fuite. Quand il a saisi une proie, il l'entraîne au loin pour la dévorer à l'aise, ou la porte à son terrier, où sa femelle et ses petits affamés l'attendent. Parfois il dévaste les vignes pour manger les raisins, dont il est friand. C'est donc un animal très-nuisible, et si le fermier, guettant le voleur de poulets, lui tire un coup de fusil et le tue, il a raison : c'est le droit de légitime défense.

Dans les pays glacés du Nord, on trouve des renards qu'on nomme *renards bleus* à cause de la couleur grise-bleuâtre de leur fourrure; en Afrique, des *renards argentés*, dont le poil a des reflets brillants. Tous sont des pillards incorrigibles. — La fourrure du renard sert à faire des tapis, des bonnets, des collets de vêtements très-chauds et très-moelleux.

RENARD FUYANT.

XVI. — L'OURS.

Classe des MAMMIFÈRES. Ordre des CARNIVORES.

Les OURS sont des animaux plutôt sauvages que féroces. Ces lourdes bêtes ont le corps épais, revêtu d'une fourrure de gros poils rudes; des jambes fortes, des pieds larges et plats terminés par de fortes griffes. Ils ont la tête large, le museau pointu, les oreilles courtes et velues, les yeux petits, brillants et sauvages. Ils sont d'une force extrême ; malgré leur apparence massive, ils courent très-vite, montent agilement aux arbres. Ils peuvent se dresser debout sur les pattes de derrière, et marcher ainsi gauchement et lentement; ils s'asseyent à la façon des chiens, et se servent de leurs pattes de devant comme de mains pour porter leur nourriture à leur gueule. Il y a plusieurs espèces d'ours. L'ours brun, qui est le plus commun dans les pays tempérés de l'Europe, vit dans les montagnes. On en trouve dans les Alpes et les Pyrénées. Il habite dans les forêts de sapins, dans les gorges les plus profondes. Il choisit pour demeure quelque caverne, une fente de rocher. L'ours est un animal de l'ordre des *carnivores ;* pourtant l'ours brun se nourrit plus volontiers de fruits, de légumes, de racines ; il aime les herbes acides, les fruits sucrés. Parfois, la nuit, il descend

Ours brun des Alpes.

de la montagne, ravage les champs de blé ou de maïs, entre dans les vignes et dévore gloutonnement les raisins. L'ours a un goût prononcé pour le miel, et s'il découvre des abeilles sauvages qui font leur demeure dans le creux des arbres, de sa grosse patte brutale il détruit le travail de ces industrieux insectes, plonge sa griffe dans le miel, et la lèche... L'hiver, quand fruits et grains lui manquent, il devient plus dangereux ; il se met à la poursuite des troupeaux, comme ferait un loup, pour emporter et dévorer les moutons. Cet animal attaque rarement l'homme; mais s'il est attaqué, il devient furieux, il est alors extrêmement redoutable. L'ours gris d'Amérique, l'ours à collier, l'ours à grandes lèvres de l'Inde ont les mêmes habitudes.

Les ours blancs, qui vivent dans les contrées froides du Nord, sur le rivage des mers glacées, sont surtout des animaux pêcheurs. Ils nagent, plongent admirablement ; ils se nourrissent de poissons ; ils font aussi leur proie des phoques, des morses, des lièvres blancs et autres animaux de ces pays désolés. L'ours blanc est plus vigoureux encore que l'ours brun, et plus féroce surtout s'il est affamé.

OURS BLANCS.

XVII. — LE RATON

Classe des Mammifères. Ordre des Carnivores.

Le Raton est un animal de la taille d'un renard à peine, et qui au premier coup d'œil ressemble assez à un petit ours. Son corps, comme celui de l'ours, est de forme ramassée, épais et court; ses pattes sont courtes, mais armées d'ongles longs et forts; sa tête est large du front, pointue du museau, ses oreilles en cornet, courtes et droites. Sa queue est épaisse et touffue : son poil, très-long et bien fourni, lui forme une chaude fourrure de couleur grise, tachetée de fauve et de noir; sa queue a des anneaux de poils noirs comme celle de certains chats. Le raton est rangé dans l'ordre des mammifères *carnivores;* pourtant il se nourrit aussi de végétaux; il mange des fruits, des racines, il chasse de petits animaux, et dérobe les œufs des oiseaux. Il est fort adroit à saisir des écrevisses, le long des rivières, des crevettes, des crabes sur le rivage de la mer. Cet animal a la singulière habitude de faire tremper et de bien laver dans l'eau sa nourriture avant de la manger : ce qui lui a fait donner le surnom de *laveur*. Il n'est pas dépourvu d'intelligence et s'apprivoise facilement. Il habite l'Amérique.

D'autres animaux de la même famille que les ratons sont de forme plus légère. Les *coatis*, qui vivent aussi en Amérique, ont la tête mince, le museau excessivement long et pointu, la queue très-longue; ils sont de la grosseur d'un chat. Les *civettes*, qui habitent l'Inde et l'Afrique, sont beaucoup plus grandes et en même temps plus carnassières, farouches, irritables; on ne saurait les apprivoiser complètement. Elles ont le museau pointu, les oreilles très-courtes, la fourrure fauve tachetée de brun. La civette répand une odeur de musc très-forte. Cette odeur est due à une matière particulière qui est renfermée dans une sorte de poche située près de la queue de l'animal. La *genette*, qui exhale la même odeur que la civette, est de forme plus élégante. Ce joli animal, qui ne dépasse pas la taille d'un chat, a le corps souple et fluet, la queue très-longue, les oreilles larges; sa tête est plus fine que celle de la civette; son poil fauve, orné de larges taches noires régulièrement disposées, forme une belle fourrure. Les genettes ne sont pas rares en France, dans les départements du Midi. Elles se plaisent dans les lieux frais et ombreux, au bord des sources et des ruisseaux.

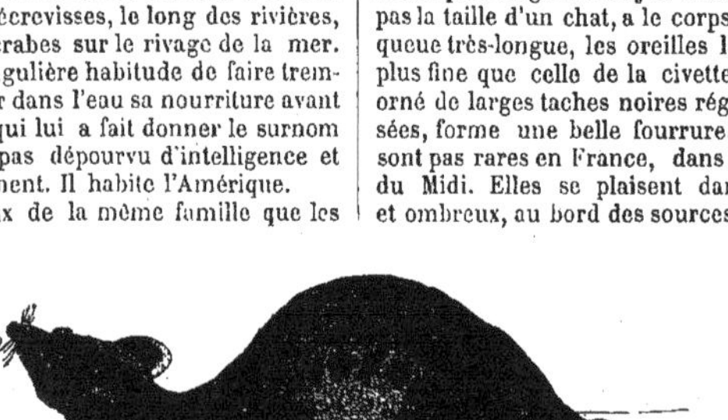

La Civette.

La Genette.

LE RATON.

XVIII. — LA LOUTRE

Classe des MAMMIFÈRES. Ordre des CARNIVORES.

Les LOUTRES sont des carnivores aquatiques. — Ces animaux se nourrissent de chair, mais de chair de poisson ; ils sont pêcheurs de leur métier, et non pas chasseurs. La loutre commune est de la taille d'un chien moyen, mais très-basse sur ses pattes. Son corps est long et flexible, sa queue onduleuse, sa tête large et aplatie, ses oreilles courtes; elle a de longues moustaches de chat au museau. Son poil, épais et doux, forme une chaude fourrure de couleur brune. Ses pattes sont courtes et palmées, c'est-à-dire que ses doigts sont réunis par une peau à peu près semblable à celle qui réunit les doigts de la patte du canard; quand l'animal écarte ses doigts, cette peau tendue forme comme une large rame avec laquelle il repousse l'eau lorsqu'il nage. Avec ses pattes courtes et ainsi empêtrées, la loutre marche assez mal et ne peut courir vite; mais elle nage, au contraire, avec une agilité extrême.

En sa qualité de pêcheur, cet animal habite toujours au bord des rivières et des étangs. La loutre fait sa demeure dans quelque trou creusé sous les grosses racines des arbres, le long des rives, à l'abri des roseaux. Blottie derrière les hautes herbes, elle guette attentivement, attendant qu'un poisson passe : aussitôt qu'elle en aperçoit un, elle se précipite dans l'eau, plonge, le saisit, puis revient apporter et dévorer sa proie sur la rive.

C'est surtout la nuit, au clair de lune, qu'on peut voir les loutres suivant le cours des ruisseaux, rôdant autour des étangs; mais elles pêchent aussi le jour. Elles sont très-voraces, et causent de graves dommages, en détruisant une grande quantité de poissons. La mère fait une sorte de nid pour ses petits, au fond de quelque terrier, près des eaux; là elle les allaite, les soigne tendrement. Lorsqu'ils sont plus grands, elle les conduit à l'eau, leur apprend à nager, à guetter et poursuivre la proie agile; s'ils sont attaqués, elle les défend avec courage, et se montre désespérée si on les lui ravit. C'est du reste un animal sauvage, farouche, mais très-intelligent; en prenant la loutre toute jeune, on peut l'apprivoiser; elle devient alors très-douce, familière, affectueuse et même fidèle. Elle va pêcher pour son maître et lui rapporte le poisson, comme un chien de chasse rapporte le gibier.

Il y a plusieurs espèces de loutres, fort communes en Afrique et surtout en Amérique, où on les voit pêchant dans les belles rivières aux eaux calmes. — Dans les contrées froides de l'Asie, le long des rivages de l'Océan, vivent les *loutres marines*, animaux doux et inoffensifs, qui exercent leur métier de pêcheurs non pas dans les eaux douces des rivières, mais dans les eaux salées de la mer.

La fourrure de toutes ces espèces est douce, chaude et lustrée; elle sert à doubler et à garnir des vêtements d'hiver. On en fait des bonnets, des cols et des manchons.

Loutre emportant un poisson.

LOUTRES PÊCHANT DANS UNE RIVIÈRE D'AMÉRIQUE.

XIX. — LES MARTES

Classe des MAMMIFÈRES. Ordre des CARNIVORES.

Les plus petits brigands de l'ordre des carnivores sont les animaux de la famille des MARTES et des BELETTES, non moins féroces que les lions et les tigres, malgré leur taille exiguë. Ils ont le corps long, fluet, flexible; les pattes courtes, les oreilles larges et courtes, une fourrure épaisse, douce et chaude, le museau pointu, des dents et des griffes comme les mieux armées des bêtes de carnage. Ils font leur proie de petits mammifères, jeunes lapereaux, levrauts, rats, souris, écureuils, mais surtout d'oiseaux. Ils grimpent aux arbres et dépeuplent les nids. Ce sont des animaux nocturnes: le jour, ils se cachent au fond des bois, des taillis; la nuit, surtout, ils sortent de leur repaire, rôdent autour des fermes et cherchent à pénétrer dans les poulaillers et les colombiers, pour dévorer les poussins et les pigeons. Extrêmement agiles, avec leur taille menue, leur corps mince et souple, ils se glissent par les moindres trous. S'ils peuvent entrer, ils ravagent le poulailler, égorgent toutes les volailles, emportent ce qu'ils peuvent et laissent là le reste... Ce sont donc des animaux très-nuisibles, et qui causent beaucoup de dommages.

La Fouine.

Les plus grandes de ces bêtes pillardes sont les *martes communes*, longues de 50 centimètres environ, au poil brun lustré, jaune sous la gorge, avec une longue queue touffue comme celle du renard. Elles sont très-farouches et se cachent au fond des bois, où elles se réfugient ordinairement sur les arbres. Dans sa chasse de nuit, la marte détruit un grand nombre de petits oiseaux, qu'elle saisit lorsqu'ils sont endormis dans leur nid ou abrités sous le feuillage; mais aussi, quand ceux-ci l'aperçoivent le jour, ils s'unissent contre l'ennemi commun; les mésanges, les rouges-gorges, les moineaux donnent l'alarme par des cris perçants; les geais, les merles et les pies accourent en grand nombre, l'assourdissent de leurs cris, la menacent de leurs becs aigus, la mettent en fuite, et la poursuivent au loin.

La FOUINE, de moindre taille encore, a le poil plus foncé; elle a la gorge et la poitrine blanches, les oreilles courtes. Elle est moins farouche et se plaît aux environs des villages; elle cherche à pénétrer dans les granges, les greniers, où elle chasse rats et souris. Mais malheur aux volailles, aux petits poussins, aux petits lapins, aux pigeons, si elle peut pénétrer jusqu'à eux! — Le PUTOIS est un peu plus petit.

L'Hermine.

La Fontaine, dans ses fables, fait le portrait de la belette en l'appelant :

La dame au nez pointu... au corps mince et fluet.

C'est la plus petite de toutes les bêtes de proie; elle a 15 ou 20 centimètres de longueur seulement. Son pelage est brun sur la tête et le dos, blanc sous la gorge et le ventre. C'est un très-joli animal, vif, rusé, mais cruel et très-nuisible.

L'HERMINE qui ressemble beaucoup à la belette, vit surtout dans les pays froids du Nord. Cet animal a quelque chose d'assez remarquable : c'est qu'il change de couleur deux fois chaque année. L'été, son poil est brun jaunâtre; l'hiver, ce poil tombe et est remplacé par un beau poil blanc de neige, fin et soyeux : le bout de la queue seulement reste toujours noir. — La fourrure de tous ces animaux s'emploie pour doubler ou border les vêtements d'hiver, pour faire des bonnets et des cols, des manchons et autres objets semblables.

LA BELETTE.

LA MARTE.

XX. — L'ÉLÉPHANT

Classe des MAMMIFÈRES. Ordre des PROBOSCIDIENS.

Le géant, parmi les animaux terrestres, c'est l'énorme ÉLÉPHANT. Il y a des éléphants qui ont trois et quatre mètres de hauteur! Le corps de cet étrange animal est extrêmement massif; ses pattes, courtes, épaisses, sont comme quatre robustes piliers, supportant le poids de ce corps immense. L'Éléphant a la tête très-forte, le front large et bombé; de très-petits yeux, fort vifs; de très-grandes oreilles, longues, larges et pendantes; une queue assez courte. Ses pieds épais ne laissent pas voir de doigts, mais seulement le bout d'ongles gros et courts. Tout son corps est recouvert d'une peau épaisse, rude, ridée, de couleur grise, sans poil, et qui semble écailleuse et sale. Mais ce que cet énorme animal offre de plus curieux, ce sont ses *défenses* et sa *trompe*. Les défenses de l'éléphant sont deux énormes dents qui sortent de sa mâchoire supérieure et se prolongent en avant; elles sont blanches et très-grosses, rondes, longues et recourbées, terminées en pointe : ce sont les armes de l'éléphant. La trompe n'est autre chose que le nez de l'animal, très-allongé et très-mobile. Elle est creuse, comme un énorme tuyau; à l'extrémité sont les trous des narines. La trompe se termine par un petit repli formant une sorte de doigt. L'animal se sert avec une adresse étonnante de cet instrument bizarre; comme il ne peut pas prendre avec ses pattes, sa trompe lui sert de bras et de main. L'éléphant a une force prodigieuse; avec sa trompe il peut arracher des arbres, déplacer, lancer des pierres énormes, remuer de très-lourds fardeaux. Malgré sa masse pesante, il est très-rapide à la course. Les éléphants sauvages vivent dans les forêts des contrées chaudes de l'Asie et de l'Afrique. Ils se nourrissent d'herbes, de feuillage, de grains; mais la ration étant, bien entendu, en proportion du convive, ils en font une consommation énorme. Pour manger, ils saisissent avec leur trompe enroulée l'herbe, le foin, le feuillage, et portent la nourriture à leur bouche. Si on leur offre un morceau de pain, ils le saisissent adroitement à l'aide de cette sorte de doigt qui termine leur trompe. Pour boire, ils aspirent l'eau avec leur trompe comme par un tuyau; puis, la repliant, ils soufflent, lancent dans leur bouche ouverte l'eau dont elle était remplie. Malgré sa lourde apparence, l'éléphant est extrêmement intelligent; c'est peut-être, parmi les animaux, celui qui est le plus capable de réflexion. Il s'apprivoise facilement, et alors il rend de grands services. Il porte les fardeaux et fait adroitement les travaux qu'on lui a enseignés. Quand il doit porter des hommes, on met sur son dos une sorte de palanquin abrité de rideaux et garni de coussins et de tapis. Le *cornac*, c'est-à-dire le guide, assis sur le cou de l'animal, le dirige et l'excite de la voix. Elle a des goûts fort délicats, cette grosse bête! L'éléphant aime le vin, les liqueurs, le sucre, les fruits; il cueille des fleurs pour les sentir : il aime la musique! Il lui plaît d'être orné d'une riche parure; de marcher d'un pas majestueux dans un cortége de cérémonie. Il est sensible aux compliments et craint les reproches. Il est très-tendre pour son petit, et très-attaché à ceux qui le soignent; mais susceptible, vindicatif, il n'oublie pas le mal qu'on lui a fait, et s'il se met en colère, il devient terrible. — Les *défenses* de l'éléphant fournissent l'*ivoire*, dont on fabrique une foule d'objets délicats et précieux.

H. S. Melville

Éléphant de l'Inde portant un palanquin.

UNE MÈRE ET SON PETIT.

XXI. — LE CHEVAL

Classe des MAMMIFÈRES. Ordre des JUMENTÉS.

Tout le monde connaît ce bel et robuste animal, le **CHEVAL**, le plus précieux des serviteurs de l'homme. Il est donc inutile de le décrire ; mais il importe de connaître quelques mots spéciaux par lesquels on désigne certaines parties du corps du cheval. Le devant de la tête, des yeux aux naseaux, est appelé *chanfrein* (*c*) ; au coin des yeux sont les *larmiers* (*a*) et les *salières* (*b*), s'étendant entre l'œil et l'oreille, de chaque côté. Le cou (*d*) se nomme *encolure* ; là où finit la crinière, près des épaules, est le *garrot* (*f*). Le poitrail (*g*) est en avant, au-dessous de la gorge. Le dos (*h*), du *garrot* à la *croupe* (*l*), est ce qu'on appelle les *reins*. Le contour arrondi du corps se nomme *coffre* (*i*), et la partie inférieure tournée vers la terre est le *ventre* (*j*) ; les *flancs* s'étendent des deux côtés vers les *hanches*. Le haut de la jambe de devant se nomme *avant-bras* (*n*) ; l'articulation (*o*) est le genou ; au-dessous est le *canon*. Le *pied* (*q*), dont l'élargissement forme la *couronne*, se termine par le *sabot* (*s*), corne épaisse, dure, insensible, sous laquelle on cloue des fers pour empêcher cette corne de s'user trop vite sur nos routes empierrées et nos pavés. La partie arrondie en arrière du corps est la *croupe* ; au-dessous commence la cuisse (*m*) ; puis le *jarret*, semblable à un coude (*o*), se rejoint au *canon* de la jambe de derrière. La queue, très-courte en réalité se continue par de longs poils

ou *crins* et forme un panache qui ajoute à la beauté de l'animal. Le poil du cheval offre des couleurs très-diverses, tantôt blanc, gris, noir, tantôt *bai*, c'est-à-dire brun rougeâtre, tantôt fauve ou *alezan*, c'est-à-dire roux. D'autres sont *pommelés*, c'est-à-dire ornés de petites taches grises régulières ; d'autres *tigrés* ou *tachetés* de différentes couleurs. Il existe plusieurs *races* diverses de chevaux, qui se font remarquer par des qualités différentes et qui sont originaires de pays différents. Parmi les plus belles races, il faut citer les chevaux *arabes*, d'une légèreté extrême à la course. Les chevaux *normands* sont excellents pour tirer les voitures ; ce sont des chevaux *de trait*. Les chevaux *bretons* sont petits, mais robustes et sobres. Les chevaux *percherons* sont propres au service des diligences. Les chevaux *boulonnais* sont employés à tirer les lourds chariots ; ils deviennent lents et lourds, mais d'une force prodigieuse. La femelle du cheval se nomme *jument*, et son petit *poulain*. Nos chevaux domestiques sont nourris de foin, de paille, d'avoine, de son, de grains ; ils paissent rarement l'herbe verte. Mais il existe en Amérique des chevaux sauvages qui vivent dans les grandes plaines herbeuses ; il existe même en France, dans la Camargue, à l'embouchure du Rhône, des chevaux à demi sauvages qui y paissent en liberté ; on les prend lorsqu'on a besoin de leur secours : ils se laissent facilement soumettre ; le travail fait, on les ramène à leur libre pâturage.

CHEVAUX DE RACE BRETONNE.

CHEVAL DE RACE NORMANDE.

XXII. — L'ANE

Classe des Mammifères. Ordre des Jumentés.

L'Ane est moins grand, moins fort, moins rapide, moins beau que le cheval ; pourtant un âne de bonne race et bien soigné n'est pas un animal sans élégance. Il appartient, comme le cheval, à l'ordre des *jumentés* (bêtes de somme) ; il a le pied terminé, comme celui du cheval, par un seul ongle, fort, épais, dur, non fendu, appelé aussi sabot. Son nez est aplati, ses yeux saillants, ses longues oreilles velues se dressent et s'abaissent à la volonté de l'animal. L'âne a le poil plus long que celui du cheval ; il est ordinairement de couleur grise; mais il y a aussi des ânes bruns, noirs et même blancs. Il porte sur le cou une crinière qui se prolonge jusque sur le dos ; une autre ligne de poils foncés va d'une épaule à l'autre, figurant avec la première une sorte de croix; sa queue n'a de longs poils qu'à l'extrémité. Je n'ai pas besoin de vous rappeler son cri désagréable. — L'âne est un animal fort utile, robuste pour sa taille, rustique, courageux au travail, patient et sobre, mais médiocrement intelligent, parfois indocile et têtu. Il se contente d'une nourriture grossière qui ne suffirait pas au cheval ; l'herbe, la paille hachée lui vont; les rudes chardons piquants sont pour lui un régal. Quand l'ânesse a cessé d'allaiter son petit ânon, celui-ci étant devenu assez grand pour brouter l'herbe, on peut la traire comme on trait la vache ou la chèvre : le lait de l'ânesse convient aux personnes faibles et malades. L'ânon est vif, agile, folâtre. Élevé avec soin, avec ménagement, il devient une monture agréable; l'âne bien dressé porte lestement et doucement son cavalier, tire avec rapidité une légère voiture. Malheureusement on néglige trop souvent cet utile animal, on le surcharge, on le maltraite ; les mauvais traitements, en outre qu'ils sont injustes, ont pour effet de le rendre lent, lourd et stupide.

L'âne nous vient d'Orient; à l'état sauvage, il habite les régions chaudes et arides de l'Asie, où il vit par grandes troupes. Ces ânes sauvages, appelés *onagres*, sont de couleur grise ; ils sont fort agiles, vifs, courageux, mais très-difficiles à dompter. Les *hémiones* sont des animaux qui ressemblent beaucoup à l'*onagre*, ou âne sauvage ; ils sont de couleur brun clair rosé, avec crinière noire et bouquet de poils noirs à la queue; ils sont plus élégants de forme que les ânes. Ils habitent aussi l'Asie ; mais ils peuvent fort bien vivre dans nos pays, et on arrive à en faire des serviteurs de l'homme.

Le *zèbre*, au contraire, paraît indomptable. C'est un bel animal qui a la taille d'un grand âne, mais qui ressemble davantage au cheval; son poil blanc jaunâtre est rayé en travers de belles grandes raies brunes et noires, semblables à celles qui ornent la fourrure du tigre. Le *couagga*, rayé de même, mais plus petit, s'apprivoise fort aisément. Ces animaux vivent en Afrique.

Le *mulet*, animal qui tient à la fois du cheval et de l'âne, a de grandes oreilles, la queue peu fournie de poil, comme l'âne; le poil ras, les jambes fines, comme le cheval. C'est un animal robuste, résistant à la fatigue, sobre, patient, mais têtu. Il a le pied très-sûr; et à cause de cela il rend de grands services dans les pays de montagnes, où les sentiers sont étroits, raides et glissants, dangereux pour les chevaux.

Anes de race commune.

L'ANE.

XXIII. — LE RHINOCÉROS

Classe des MAMMIFÈRES. Ordre des JUMENTÉS.

Le RHINOCÉROS est un animal énorme, le plus gros, après l'éléphant, de tous les animaux terrestres. Le rhinocéros est prodigieusement fort, épais et sauvage, brutal, laid, stupide, irascible, farouche, redoutable. Sa tête est courte et grosse, difforme ; son mufle épais, sa lèvre supérieure allongée et mobile, comme une petite trompe ; ses yeux sont petits, ternes quand ils ne sont pas enflammés de colère ; ses oreilles, en forme de cornet, sont longues et mobiles. Il a le cou court, le corps trapu, les pattes grosses et courtes, terminées par un seul sabot, comme le pied du cheval, la queue courte et pendante. Tout son corps est couvert d'une peau épaisse, presque sans poil, excessivement dure et rude, qui forme de gros plis aux cuisses et aux épaules : sa couleur est d'un gris violacé sale, avec quelques taches brun foncé ; mais ce qu'il y a d'étrange dans cet animal, c'est sa corne. Le rhinocéros de l'Inde n'a qu'une seule corne, plantée, non pas sur le front, mais sur le nez ; cette corne, épaisse, dure, longue et pointue, recourbée, est une arme terrible. Cet animal attaque rarement ; mais il se défend avec sa corne redoutable ; malgré sa lourde

Rhinocéros de l'Inde, à une seule corne.

masse, il court avec une rapidité extrême, toujours droit devant lui, à travers les obstacles.

On ne peut ni le dompter ni l'apprivoiser.

Le rhinocéros vit de racines, de jeunes pousses d'arbres, de roseaux, d'herbe et de feuillage. Il se plaît dans les forêts, dans les fourrés les plus épais, au bord des marais et des rivières ; il aime à se vautrer dans la boue, comme le porc ; il pousse de temps en temps des grognements sourds, ou, s'il est irrité, des cris aigus. S'il sort de son repaire sauvage pour aller brouter dans la plaine cultivée, il fait de grands ravages parmi les cultures.

L'animal que nous venons de décrire habite l'Inde, et toutes les contrées chaudes de l'Asie. Il y a une autre espèce, qui vit en Afrique. Celui-ci a deux cornes, toutes deux plantées sur le nez, l'une derrière l'autre ; sa peau, épaisse et lisse, ne forme pas de gros plis comme celle du rhinocéros d'Asie. Il est un peu plus petit : du reste, même caractère brutal et sauvage, même manière de vivre. Les savants ont rangé le rhinocéros dans l'ordre des *jumentés* (c'est-à-dire des bêtes de somme), avec le cheval et l'âne, à cause de la forme de son pied, terminé par un sabot, quoiqu'il ne ressemble aucunement par ailleurs, ni de forme, ni d'habitudes, aux autres animaux de ce groupe.

CHASSE AU RHINOCÉROS, EN AFRIQUE.

XXIV. — LE SANGLIER

Classe des Mammifères. Ordre des Porcins.

Le sanglier est un animal sauvage qui diffère peu du porc domestique ; on peut même dire que le sanglier est un porc sauvage, ou si vous aimez mieux, que le porc est un sanglier à demi apprivoisé et rendu domestique. Cependant le sanglier est de bien plus grande taille. Son corps est couvert de poils très-rudes et très-raides, appelés *soies*, plus longs sur le dos, le cou et les oreilles ; quand l'animal est irrité, ces soies se hérissent et forment comme une sorte de crinière. Sa couleur est d'un brun gris foncé. Le sanglier est court et épais de forme ; ses pattes sont courtes et se terminent par un pied de quatre doigts, dont deux seulement portent à terre ; ces deux doigts sont terminés par deux gros ongles, qui forment une sorte de *sabot fendu* assez semblable à celui du pied du bœuf, de la chèvre, du mouton ; sa tête est fort grosse ; elle s'allonge en une sorte de museau, de *groin* semblable à celui du porc, mais plus épais, et qu'on appelle le *boutoir*. Ses oreilles sont larges, droites et très-velues, ses yeux très-petits. Mais ce que le sanglier a de plus remarquable, ce sont ses *défenses*. On appelle ainsi ses quatre dents *canines*, qui, extrêmement longues, fortes et tranchantes, sortent des deux côtés de la bouche en relevan

Sanglier poursuivi par les chiens.

la lèvre d'une façon menaçante ; celles de dessus se recourbent et se dirigent en haut. C'est pour l'animal une arme redoutable, dont il se sert à peu près comme d'une corne, en portant son coup de boutoir de côté ; c'est ainsi qu'il se défend lorsqu'il est attaqué par des chiens ou des loups. Le sanglier n'est pas féroce, mais extrêmement farouche et brutal. Il vit dans les forêts. Son *repaire* se nomme *bauge*. Cet animal vit, à peu près comme le porc lui-même, de glands, de châtaignes, de fruits tombés sous les arbres ; souvent, sorti la nuit de sa forêt, il va dans les champs, déterre les pommes de terre, les carottes et autres racines en fouillant la terre avec son boutoir, arrache et dévore le maïs, foule les blés, dévaste les vignes et fait un dégât considérable. Il dévore aussi des vers, des larves, des taupes, des rats des champs qu'il déterre en fouillant de ses pieds et de son boutoir. Le sanglier a l'habitude étrange de se vautrer, de se rouler dans la fange, dans la boue la plus épaisse ; il semble y prendre grand plaisir ; après quoi, comme il n'aime pas à garder cette fange sur son poil, il va se laver à la rivière.

La femelle du sanglier se nomme *laie*. Elle se retire au plus épais du fourré, entourée de ses petits, qu'on appelle *marcassins ;* c'est alors qu'elle est le plus sauvage, et il est dangereux de l'approcher : elle défend ses petits avec une fureur extrême.

FAMILLE DE SANGLIERS DANS LA FORÊT.

XXV. — LE PORC

Classe des Mammifères. Ordre des Porcins.

Le Porc n'est pour ainsi dire qu'un *Sanglier* devenu *domestique*, et plus ou moins apprivoisé. Le porc est de plus petite taille que le sanglier sauvage; son poil est beaucoup moins long et moins fourni, et au lieu d'avoir de fortes *défenses* ou dents recourbées sortant de la bouche des deux côtés, il en a de beaucoup plus petites, peu saillantes. Pour le reste, le porc ressemble au sanglier. Il a la tête grosse, les yeux petits, les oreilles larges ; son museau allongé se nomme *groin*. Ses pattes sont minces, et terminées chacune par quatre *ergots*, dont deux seulement portent à terre, et rappellent le sabot fendu des *ruminants*. La queue est mince, courte, souvent roulée en tire-bouchon.....

Porc de race anglaise.

Le *porc* est loin d'être beau : il est peu intelligent, têtu, brutal; il fait entendre des grognements sourds ou des cris perçants. Il aime à se *vautrer* dans la boue, à fouiller du groin les fumiers. Ce n'est pas une raison cependant pour laisser sa *retraite* encombrée d'immondices ; au contraire, l'animal se porte mieux, s'engraisse plus facilement si son logis est tenu aussi proprement que possible. Le porc ne se montre pas plus délicat pour sa nourriture. Il est extrêmement vorace et glouton. Tout lui est bon : viande, graines, légumes, choux, pâtée — cuit ou cru. — Aux champs où on les mène paître, les porcs mangent des glands, des châtaignes tombées sous les arbres, des racines qu'ils fouillent avec leur groin. A la ferme on les nourrit d'une foule de restes. A bien regarder, ces défauts du porc sont, pour nous, des qualités précieuses ; comme il n'est pas difficile, il vit de tous ces débris que les autres animaux dédaigneraient, et qui seraient perdus. Le porc les utilise ; avec cette nourriture peu coûteuse, il croît et engraisse rapidement. —La femelle du porc, appelée *truie*, se montre souvent entourée d'une nombreuse famille grouillante de petits *cochonnets* ou *cochons de lait*. — La chair du porc, convenablement préparée, est une nourriture agréable et forte, mais assez lourde. — On élève dans les fermes des races diverses de porcs, différentes de taille, de couleur et de forme. Les porcs communs de nos pays sont plus hauts, plus allongés; les porcs normands et anglais, qui ont les pattes courtes, deviennent extrêmement gras. — Les *pécaris* sont de petits porcs sauvages de l'Amérique méridionale; ils vivent par grandes troupes dans les forêts. Ils ont le poil gris mêlé de noir, pas de queue, les pattes grêles, et sont très-agiles.

La truie.

TROUPEAU DE PORCS AU PATURAGE.

XXVI. — L'HIPPOPOTAME

Classe des Mammifères. Ordre des Porcins.

Imaginez une tête énorme, un mufle qui va s'élargissant, au lieu de s'amincir; une gueule effroyable, qui s'ouvre comme un gouffre, où l'on voit de terribles dents *canines* recourbées, et des *incisives* (dents de devant) longues et tranchantes; des narines aplaties, de petits yeux, qui semblent sortir de la tête, parce qu'ils sont placés sur des bosses saillantes; de toutes petites oreilles. Cette tête, presque sans cou, figurez-vous-la portée sur un corps immense, épais; représentez-vous un ventre arrondi, traînant presque à terre; une queue large, épaisse, très-courte; de grosses pattes courtes comme des piliers massifs, les doigts perdus dans l'épaisseur du pied, avec de gros ongles courts et larges; le tout couvert d'une peau rude, épaisse, sans poil, d'un brun rosâtre tacheté, sale et comme limoneuse. Figurez-vous cette bête longue de 3 ou 4 mètres, haute de 2 : vous avez le portrait de l'*hippopotame*. Cet animal monstrueux, dont le nom signifie *cheval de fleuve*, n'a rien pourtant de commun avec le cheval : par la forme de son corps il se rapprocherait plutôt du porc; c'est pourquoi il est rangé dans l'ordre des *porcins*. Il est difficile d'imaginer quelque chose de plus épais, de plus lourd, de plus laid, de plus difforme.

L'Hippopotame

Mais, malgré sa gueule terrible, l'*hippopotame* n'est aucunement une bête féroce ; au contraire c'est un animal tranquille, qui ne vit que de végétaux. Il est extrêmement stupide, n'attaque personne, se défend à peine, fuit plutôt s'il est attaqué; pourtant, s'il se met en colère, il peut devenir redoutable. Les hippopotames sont des animaux aquatiques, ou plutôt *amphibies*, c'est-à-dire vivant sur la terre et dans l'eau.

On les rencontre par troupes nombreuses dans les fleuves et marais des régions chaudes de l'Afrique. Pendant le jour ils se mettent à l'abri dans les roseaux de la rive, la tête seulement hors de l'eau. Au coucher du soleil, ils viennent s'ébattre lourdement au milieu du fleuve, s'appellent les uns les autres par des cris rauques et retentissants, qui s'entendent de très-loin et qui rappellent un peu le hennissement du cheval. A terre, ces lourdes bêtes marchent comme en se traînant; mais dans l'eau, ils sont plus agiles. Ils nagent et plongent parfaitement et peuvent rester assez longtemps sous l'eau avant de venir respirer à la surface. Quand ils nagent, ils ne font sortir de l'eau que leurs yeux et leurs mufle; ils respirent à grand bruit, soufflent, et jettent de l'eau par les narines. La nuit, ils sortent du fleuve pour aller paître dans les champs, où ils font d'affreux dégâts, foulant, arrachant, dévorant les moissons. Avec leurs énormes *canines* ils arrachent les racines des plantes aquatiques, ou fouillent le sol pour déraciner les légumes; leurs incisives tranchantes, qui ont jusqu'à 40 centimètres de long, leur servent à trancher les tiges des roseaux, des cannes à sucre, qu'ils broient sous leurs monstrueuses *molaires* (grosses dents du fond de la bouche) : une molaire d'hippopotame pèse jusqu'à 5 ou 6 kilos. Ces animaux sont beaucoup moins nombreux aujourd'hui qu'autrefois. On leur fait la chasse pour se mettre à l'abri des dégâts qu'ils causent. Leur chair est bonne à manger, et a le goût du porc; de leur peau on fait un cuir épais et fort. Leurs dents fournissent une sorte d'ivoire.

A une époque extrêmement reculée, des hippopotames vivaient sur le sol même que nous habitons, en compagnie d'énormes *éléphants* et de *rhinocéros* farouches : on retrouve aujourd'hui leurs ossements épars, enfouis dans la terre. Tous ces animaux monstrueux ont disparu, le climat de notre pays étant devenu trop froid pour eux.

LES HIPPOPOTAMES.

XXVII. — LE BŒUF

Classe des MAMMIFÈRES. Ordre des RUMINANTS.

Le bœuf est un animal rustique, lourd, peu intelligent, mais vigoureux, patient et laborieux. La femelle, qu'on nomme *vache*, est un de nos animaux domestiques les plus nécessaires ; elle fournit son lait, abondant et nourrissant, dont nous préparons une foule d'aliments, notamment le beurre et le fromage. La vache a le corps épais, mais osseux, les jambes maigres ; son pied se termine par deux *ongles* épais, durs, qui forment comme un *sabot fendu* ; cette disposition du pied est commune à beaucoup d'autres animaux, tels que la chèvre, le mouton, le cerf, etc. Le poil de la vache est ras, luisant, de couleurs variées ; son cou est court, et sous sa gorge un large repli de peau pendant forme ce qu'on appelle le *fanon* ; sa tête est grosse et large, son museau épais, ses narines larges et ouvertes. Sur son front sont plantées ses deux cornes, creuses, et qui ne repoussent pas, si, par quelque accident, elles viennent à tomber. Sa queue est longue et terminée par une touffe de longs poils. Apprivoisée et devenue domestique, la vache est une bonne bête ; ses gros yeux, peu intelligents, sont tranquilles et doux. A l'étable, elle reconnaît celui qui lui donne des soins et lui apporte le *foin*, la *paille*, le *son*, les *betteraves*, les *carottes*, les *pommes de terre*, dont on fait le plus habituellement sa nourriture. Aux champs, où elle va brouter l'herbe, elle se laisse docilement conduire par un enfant.

Le petit de la vache, le *veau*, tette sa mère pendant plusieurs mois, et alors il faut lui laisser tout le lait nécessaire à sa nourriture et à sa croissance. Mais quand, grandissant peu à peu, il s'habitue à manger l'herbe, à boire l'eau tiède mêlée de son qu'on lui porte à l'étable, alors on *trait* la vache en pressant doucement entre les doigts les quatre trayons pendants de sa grosse mamelle. Le veau, avec l'âge, devient *génisse*, c'est-à-dire jeune vache, ou *bovillon*, c'est-à-dire petit bœuf. — Le mâle, à toute sa croissance, est appelé *taureau* ; il est beaucoup plus épais et plus robuste, mais naturellement plus farouche et moins docile que la vache. Élevé depuis son jeune âge pour le travail et disposé pour l'*engraissement*, on lui donne le nom de *bœuf*. Les bœufs sont les serviteurs du laboureur ; ils tirent la charrue, les chariots lourdement chargés. Ils avancent d'un pas lent, mais égal. Pour *atteler* les bœufs à la charrue, on réunit côte à côte deux de ces animaux ; on lie solidement à leurs cornes une forte pièce de bois nommée *joug* ; cette pièce de bois est fixée au *timon* de la charrue ou du chariot ; c'est donc avec leur robuste tête et leur gros cou qu'ils font l'effort nécessaire pour traîner leur fardeau. Le bœuf est un animal *ruminant* ; l'herbe qu'il avale à demi mâchée seulement est mise en réserve dans une sorte de poche que forme son estomac ; puis l'animal fait remonter dans sa bouche, par bouchées, cette herbe avalée, la broie de nouveau, lentement, entre ses grosses dents *molaires*, et alors l'avale une seconde fois et définitivement. C'est là ce qu'on appelle *ruminer* ; et cette singulière façon de préparer sa nourriture est justement ce qui fait distinguer les animaux de l'ordre des *ruminants*.

Le Bœuf.

La chair du bœuf convenablement *engraissé* à l'aide d'une nourriture abondante est un aliment sain et très-fortifiant ; de sa peau on fait un excellent cuir ; enfin, ses *cornes* servent à fabriquer des manches de couteaux et autres objets de corne.

VACHES ET VEAU AU PATURAGE

XXVIII. — LE MOUTON

Classe des Mammifères. Ordre des Ruminants.

Le Mouton est un animal doux, timide, peu intelligent. C'est un *ruminant*, comme la chèvre, comme le bœuf. Le corps du mouton est couvert d'une épaisse toison d'un poil soyeux et doux, qui est la laine; ses pattes sont minces, couvertes d'un poil ras, et se terminent par un sabot fendu; sa queue est ordinairement courte. Le mouton a la tête petite, le front étroit, les oreilles courtes, les yeux doux, le museau allongé. Le mâle seul, appelé *bélier*, porte des cornes recourbées. La femelle, la *brebis*, est plus timide: les petits *agneaux* sont gracieux et folâtres. — On mène paître les moutons par troupeaux plus ou moins nombreux, sur les collines à l'herbe courte, ou sur les champs dépouillés de leurs moissons. Un berger, le plus souvent un enfant, les conduit et les protège; il a ordinairement avec lui un chien qui surveille le troupeau, le défend au besoin contre les loups qui voudraient l'attaquer, ramène les bêtes qui s'écarteraient trop loin. Parfois aussi on renferme les moutons dans un parc, c'est-à-dire dans une enceinte fermée tout autour de légères barrières de bois; ils paissent à l'intérieur, et ne peuvent s'écarter. L'été, les moutons passent la nuit au pâturage, sous la garde du berger; mais l'hiver il faut les ramener le soir et les mettre à l'abri dans un bercail (étable à moutons). — Tout porte profit dans le mouton. Sa chair est une nourriture très-saine, sa laine sert à faire nos vêtements. Le lait des brebis nourrit tout d'abord les agneaux; mais quand ceux-ci sont assez grands pour brouter l'herbe et ne tettent plus, on trait (dans certains pays du moins) les brebis; de leur lait on prépare divers aliments, en particulier des fromages.

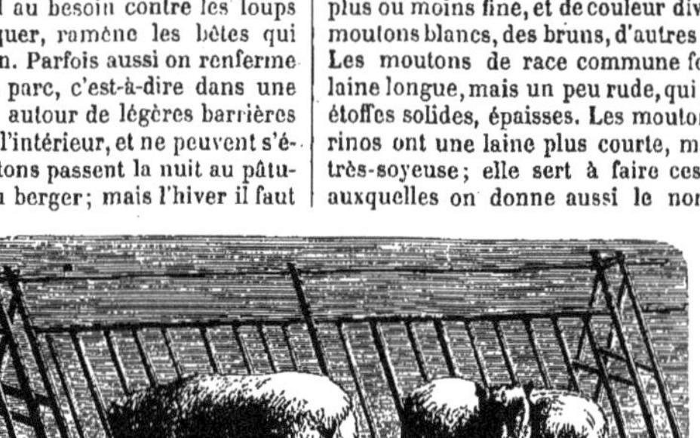

Mouton de race anglaise.

C'est en été qu'on débarrasse l'animal de son épaisse toison. On le tond, en coupant ras la laine à l'aide de grands ciseaux appelés forces. Il faut que la toison s'enlève tout d'une pièce sans se déchirer. Puis cette laine bien lavée est envoyée aux ateliers où on la file et la tisse. Il y a plusieurs races différentes de moutons, et, suivant les races, la laine est plus ou moins belle, plus ou moins fine, et de couleur diverse: il y a des moutons blancs, des bruns, d'autres presque noirs. Les moutons de race commune fournissent une laine longue, mais un peu rude, qui sert à faire des étoffes solides, épaisses. Les moutons appelés mérinos ont une laine plus courte, mais très-fine et très-soyeuse; elle sert à faire ces belles étoffes auxquelles on donne aussi le nom de *mérinos*.

Moutons enfermés dans un parc.

TROUPEAU DE MOUTONS AU PATURAGE.

XXIX. — LA CHÈVRE

Classe des Mammifères. Ordre des Ruminants.

Voici encore un animal domestique de l'ordre des ruminants, et de la famille des ruminants à cornes, comme le bœuf, la vache, le mouton. La chèvre est plus grande que le mouton, plus mince et plus maigre. Ses pattes sont longues, ses pieds ont le sabot fendu qui distingue tous les animaux ruminants. Elle a le poil long, un peu rude, blanc ou noir, gris ou brun, quelquefois tacheté ; la queue courte, la tête carrée du front, mince du museau, les cornes fortes et recourbées en arrière, une grande barbe pendante au menton. Son cri est une sorte de bêlement tremblotant. Les chèvres sont des animaux doux, craintifs, mais indociles, capricieux, peu intelligents. Elles sont très-agiles, et se plaisent à gambader et à bondir, à grimper sur les rochers, par les passages les plus escarpés ; à brouter l'herbe courte des collines, le feuillage des buissons, les branches vertes des jeunes arbres. Si donc on laissait ces animaux errer en liberté par les champs et les bois, ils feraient beaucoup de dégât en broutant ainsi les pousses et les bourgeons, rongeant l'écorce même des arbres. Le berger doit conduire ces bêtes vagabondes et grimpeuses dans les endroits rocailleux où elles se plaisent. La chèvre a une grande mamelle pendante, et produit beaucoup de lait. Tandis qu'elle allaite son petit chevreau, encore trop jeune pour paître

Troupeau de chèvres dans l'Asie centrale

l'herbe, on ne la trait point ; tout le lait est pour le chevreau qui tette sa mère, et bientôt la suit au pâturage. Rien n'est plus gentil alors que de voir ce petit animal gambader gaiement, bondir et folâtrer autour d'elle ; mais lorsque le chevreau commence à grandir, on l'éloigne de sa mère, et on l'habitue peu à peu à brouter l'herbe ; alors on trait la chèvre. Une bonne chèvre bien nourrie donne deux litres de lait par jour ; ce lait est excellent, convient aux petits enfants, aux personnes faibles et malades. — Le mâle, appelé *bouc*, est plus vigoureux, il a le poil plus épais et plus rude, les cornes plus fortes. Il est plus brave que la chèvre : au pâturage, il marche devant, et si un loup ou un renard attaque le troupeau, c'est lui qui le défend.

Il y a plusieurs espèces de chèvres. Nos chèvres communes ont le poil comme une sorte de laine rude qui ne peut servir qu'à faire des étoffes grossières. Mais les *chèvres du Thibet*, qui vivent surtout dans l'Inde, ont au contraire le poil très-long, très-soyeux, plus doux que la plus belle laine des moutons ; c'est avec le poil de cette espèce qu'on fait les beaux tissus appelés cachemires. Les *chèvres d'Angora*, qui viennent aussi d'Asie, peuvent très-bien vivre dans nos pays ; elles ont le poil long, doux, propre à faire de beaux tissus ; leurs oreilles sont pendantes et non pas dressées.

CHÈVRE COMMUNE.

CHÈVRE D'ANGORA.

XXX. — LE CHAMOIS

Classe des Mammifères. Ordre des Ruminants.

Voici de jolis et légers animaux de l'ordre des *ruminants*, de la famille des ruminants à cornes, voisins des chèvres et des moutons ; le Chamois et la Gazelle. Le chamois habite les hautes montagnes des Alpes et des Pyrénées. Il a à peu près la taille d'une chèvre. Son poil est épais et forme une fourrure laineuse de couleur grise, fauve ou brun foncé sur le corps, fauve et marquée de taches brunes sur la tête. Il a les yeux vifs, les oreilles dressées, les cornes noires, lisses et recourbées en forme de crochet. Sa queue est courte, ses pattes sont minces, terminées par des sabots fendus semblables à ceux de la chèvre et des autres ruminants.

Cet animal est d'une agilité extrême. Il grimpe sur les rochers les plus escarpés, bondit, s'élance de roc en roc, franchit d'un saut les précipices, sans jamais glisser ni tomber. Il se plaît sur les hauteurs neigeuses des montagnes ; il ne souffre pas du froid, craint au contraire la chaleur trop vive et les rayons ardents du soleil. Son cri est une sorte de bêlement semblable à celui de la chèvre. C'est un animal très-timide, farouche même. Il voit de très-loin, entend le moindre bruit, flaire la moindre odeur. A l'approche d'un homme, il s'enfuit avec une rapidité extrême, en sorte qu'il est très-difficile de l'atteindre.

Les chamois vont par petites troupes de cinq ou six ; ils broutent l'herbe fine et rase des lieux élevés, le feuillage des buissons et l'écorce même des jeunes arbres. L'hiver, ils se réfugient dans les forêts qui couvrent les pentes des hautes montagnes. Ils étaient autrefois fort communs dans nos montagnes ; aujourd'hui, ils sont devenus très-rares. — La chasse du chamois dans les montagnes est une chasse pénible et dangereuse.

Le petit du chamois est appelé *faon*, comme celui du chevreuil.

Les Gazelles sont des animaux étrangers à nos pays, un peu plus petits que les chamois, plus légers encore de forme. Il y en a de plusieurs espèces ; toutes sont extrêmement sveltes et gracieuses. Leurs pattes sont longues et grêles, leur queue courte ; leur poil est de couleur fauve, blanc seulement sous la gorge et sous le ventre. Les gazelles ont la tête fine, l'œil vif et très-doux, les cornes minces, aiguës, recourbées. Ces gentilles bêtes sont extrêmement timides ; elles se plaisent dans les lieux déserts, sur les collines ; elles habitent aussi dans les plaines. Elles bondissent et courent avec une légèreté merveilleuse, en sorte qu'il est très-difficile de les atteindre. C'est en Asie et en Afrique qu'habitent les gazelles. Elles y vivent en grandes troupes; les tigres et autres bêtes de proie en dévorent un grand nombre.

La gazelle.

On donne le nom d'Antilopes à d'autres ruminants de la même famille que les gazelles, et qui habitent aussi l'Asie et l'Afrique. L'Antilope *condou* se distingue par ses longues cornes tordues en spirale, sa vigueur extrême et ses bonds prodigieux. L'antilope *nylgau* est de plus haute taille, ses cornes sont petites et droites. Tous ces jolis animaux peuvent s'apprivoiser, et alors ils deviennent très-doux, confiants et familiers.

L'antilope *bubale*, qui habite l'Afrique, est de la grandeur d'un âne. L'antilope *gnou* a des cornes recourbées et aiguës ; sa tête et son cou sont pourvus d'une sorte de crinière : cette espèce est plus farouche que les autres et plus difficile à apprivoiser.

LE CHAMOIS DES ALPES.

XXXI. — LE CERF

Classe des MAMMIFÈRES. Ordre des RUMINANTS.

Le CERF est un bel animal de l'ordre des *ruminants*, qui vit dans nos forêts. Il est de la taille d'un petit cheval; mais son corps est plus léger de forme. Son poil est brun grisâtre. Il a la queue très-courte, les jambes longues et minces, le pied

Le daim.

fourchu comme tous les ruminants ; mais, au lieu de cornes, il porte sur sa tête des *bois*, presque semblables à des branches d'arbres rameuses, qui tombent et repoussent chaque année. Ce bois, ou, comme on dit aussi, cette *ramure* est de matière dure et osseuse : plus l'animal est vieux, plus son bois porte de branches. Le cerf est un animal sauvage et timide ; le jour, il se cache dans les fourrés, au fond des bois : couché sur l'herbe, il rumine tranquillement. — La nuit seulement il ose sortir du taillis pour paître. Il se nourrit d'herbes, de feuillage, de fruits; il ronge les bourgeons et l'écorce des arbres. A l'automne, on l'entend souvent bramer (c'est-à-dire beugler) au fond du bois. La femelle du cerf se nomme *biche ;* elle est plus petite, et ne porte pas de bois. Son petit est appelé *faon* (pr. fan). — Le cerf est très-agile ; si on le poursuit, il fuit avec une excessive vitesse, et fait des bonds prodigieux ; s'il est attaqué de près, il se défend avec ses bois. Le *Daim* ressemble beaucoup

Le chevreuil.

au cerf; mais il est plus petit; son poil est tacheté, ses bois sont aplatis au lieu d'être arrondis en forme de branches. Il vit de la même manière que le cerf. Plus petit encore et plus léger est le gentil *Chevreuil.* Son poil est brun grisâtre ou roussâtre ; il porte sur sa tête un bois beaucoup plus court que celui du cerf, et qui n'a que deux ou trois branches. Le chevreuil vit avec sa *chevrette* et son petit faon dans les bois et les taillis. Le père, la mère et le petit aiment à vivre en famille; on les voit toujours ensemble, aller broutant herbes et bourgeons, ou se reposer sous les arbres. Ce sont des animaux très-doux, gracieux, extrêmement timides. — Les *Chevrotains* de l'Inde, beaucoup plus petits encore, sont absolument dépourvus de bois et de cornes.

Le chevrotain.

LE CERF.

XXXII. — LE RENNE

Classe des Mammifères. Ordre des Ruminants.

Le Renne ressemble beaucoup au cerf; mais il est plus épais et plus robuste. Il porte aussi sur la tête, au lieu de cornes, des bois plus hauts encore, plus larges et plus rameux que ceux du cerf. Son poil est long, épais, d'un brun grisâtre; ses jambes sont fortes et agiles, son pied large et fourchu, sa queue très-courte. Cet animal est fait pour les pays glacés: il vit en Laponie, en Sibérie, dans le nord de l'Amérique. Notre climat serait beaucoup trop chaud pour lui; il y périrait. Dans ces froides contrées où il habite, le sol est presque toujours recouvert de glace et de neige; le renne se nourrit en broutant les buissons bas, l'herbe, une espèce de mousse grisâtre qu'il sait découvrir sous la neige en la grattant avec son pied.

Les rennes sauvages vivent par troupes. Mais ces animaux s'apprivoisent facilement. Les habitants des contrées du Nord élèvent de grands troupeaux de rennes, comme dans nos pays on élève des troupeaux de bœufs et de moutons. Les Lapons les plus pauvres possèdent au moins une douzaine de rennes ; une famille aisée en possède des trou-

Traineau attelé de rennes.

peaux de cinq ou six cents. Cet animal remplace pour eux le bœuf, la vache, la brebis, le cheval... Dans le renne tout est utile. Sa chair est une excellente nourriture; sa peau sert à faire des chaussures et des vêtements; de ses bois on fait des manches de couteaux, des objets de toute sorte. Les Lapons boivent le lait des femelles comme nous buvons celui des vaches et des chèvres ; ils en font du fromage. Les rennes sont les bêtes de somme des habitants ; on leur fait porter des fardeaux, on les attelle à des espèces de voitures légères faites pour glisser sur la neige, et qu'on appelle traineaux. Quand un Lapon veut voyager, il attelle à son traineau un, deux, trois ou quatre rennes et même davantage. Au claquement du fouet, ces dociles animaux partent avec rapidité : le traineau glisse, semble voler sur la glace ou sur la neige durcie ; on peut faire ainsi vingt lieues en un seul jour.

L'Élan est un ruminant qui ressemble beaucoup au renne ; mais il vit dans des pays moins froids. Ses bois sont beaucoup moins grands, mais plus larges, plus épais et plus lourds. Il s'apprivoise facilement et pourrait, comme le renne, être attelé aux traineaux.

LE RENNE.

XXXIII. — LA GIRAFE

Classe des MAMMIFÈRES. — Ordre des RUMINANTS.

L'un des animaux les plus singuliers qui existent est bien certainement la GIRAFE. C'est, tout d'abord, le plus grand des animaux terrestres : j'entends le plus grand en hauteur, non pas le plus gros ; car la girafe est au contraire très-fine et très-svelte. Son corps est porté sur de longues jambes, celles de devant beaucoup plus longues encore que celles de derrière, en sorte que l'animal semble toujours à demi dressé. Son cou, très-long et très-flexible, se redresse; sa tête, petite à proportion, est fine et élégante. La girafe a le front saillant, de grandes oreilles droites en forme de cornets ; de grands yeux vifs, le museau très-allongé, les narines aplaties. Sur sa tête, en arrière, elle porte deux petites cornes droites, très-courtes, velues, élargies vers le haut au lieu de se terminer en pointe ; c'est une sorte d'ornement bizarre, mais non pas une arme défensive.

Famille de girafes.

La girafe a le poil ras, lisse ; sa robe est de couleur fauve blanchâtre semée de larges taches de couleur plus foncée. Une longue et étroite crinière de poils courts s'étend, comme une ligne brune, sur son cou et son dos ; sa queue, assez longue et flexible, se termine par une touffe de poils — comme un gland au bout d'un cordon. Ses pieds sont pourvus de sabots fendus, tout semblables à ceux des *ruminants à cornes*, comme le bœuf, ou à *bois*, comme le cerf. Malgré sa forme singulière, qui diffère tant de celle des autres ruminants, la girafe est un bel animal, fort élégant. Elle est très-agile, avec ses longues jambes ; le cheval le plus rapide ne saurait l'atteindre.

La girafe se nourrit de feuillage ; au lieu de paître à terre comme les autres herbivores, elle dresse son long cou pour atteindre aux branches des arbres. Avec sa langue, qui est longue et flexible, elle saisit la bouchée de feuillage; elle broute à peu près à la manière des chèvres. — La girafe est un animal doux et timide; pourtant, si quelque bête féroce l'attaque, elle se défend de ses pieds, et lance de terribles ruades. Elle s'apprivoise facilement, et alors elle devient tellement docile qu'elle se laisse conduire par un enfant.

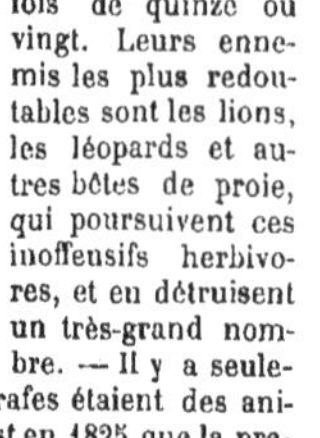

Les girafes sont assez nombreuses en Afrique; elles vivent dans les forêts, par petites troupes de cinq ou six, quelquefois de quinze ou vingt. Leurs ennemis les plus redoutables sont les lions, les léopards et autres bêtes de proie, qui poursuivent ces inoffensifs herbivores, et en détruisent un très-grand nombre. — Il y a seulement un demi-siècle, les girafes étaient des animaux presque inconnus. C'est en 1825 que la première girafe vivante a été amenée à la ménagerie du *Jardin des Plantes*, à Paris, où sa vue excita beaucoup de curiosité et d'étonnement. Mais ces animaux sont très-sensibles au froid; et ce n'est qu'à force de soins et de précautions qu'on peut les conserver vivants dans nos pays.

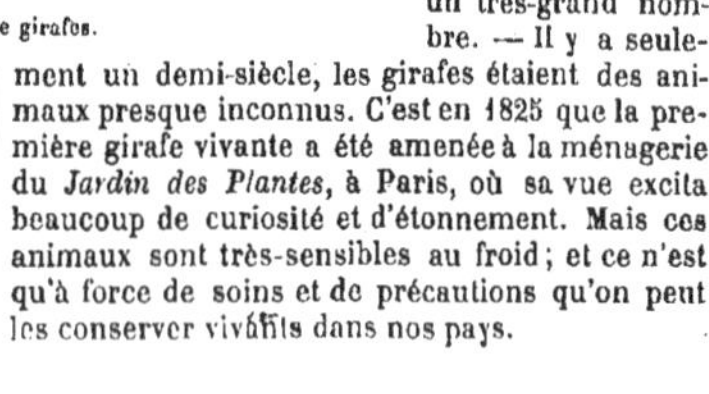

GIRAFES POURSUIVIES PAR DES CHASSEURS.

XXXIV. — LE CHAMEAU

Classe des Mammifères. Ordre des Ruminants.

Pour les habitants des régions arides de l'Asie et de l'Afrique, l'animal le plus précieux est le Chameau. Dans le Thibet, en Perse, en Arabie, au nord de l'Afrique, il y a d'immenses étendues de déserts absolument stériles. Personne n'habite ces déserts, mais on peut avoir à les traverser; et beaucoup de contrées environnantes, sans être des déserts, sont cependant arides, desséchées, peu fertiles. Le chameau est parfaitement organisé pour vivre dans ces pays. C'est un animal de haute taille, assez laid; son corps est couvert d'un poil brun ou roux, épais et laineux. Ses jambes sont maigres et osseuses; ses pieds, de forme fourchue, sont larges et plats, son long cou se recourbe en forme d'S. Sa tête est petite à proportion; il a des oreilles courtes, de gros yeux, un nez large et aplati, un mufle allongé, de longues lèvres mobiles; la lèvre supérieure est fendue presque jusqu'aux naseaux. Mais ce qui frappe à première vue dans cet animal, ce sont les bosses énormes qu'il porte sur le dos, et qui donnent à son corps un aspect difforme. Ses bosses, son cou, sa tête, sa gorge ont une sorte de crinière épaisse; à ses genoux, à ses cuisses, il y a des places sans poils où la peau est rude et calleuse.

Caravane traversant le désert.

On distingue deux espèces de chameaux : le chameau à deux bosses, plus fort et plus velu; le *dromadaire*, qui n'a qu'une seule bosse. Celui-ci, plus léger, a le poil plus ras, le pas moins rude. Le chameau est un animal doux, patient et docile. Pour les Arabes et les habitants de toutes les contrées où il vit, il sert de monture et de bête de somme. Il peut faire quinze ou vingt lieues par jour en portant sur son dos un cavalier avec son lourd bagage, ou un poids considérable de marchandises. Il est excessivement sobre, il se contente des maigres chardons et des herbes amères qui croissent aux lieux arides; il peut supporter pendant plusieurs jours la faim et la soif sans s'arrêter : chose précieuse pour ceux qui ont à traverser les déserts. Les voyageurs et les marchands qui font ces traversées pénibles se rassemblent en grandes troupes, avec leurs chameaux et leurs dromadaires, formant ce qu'on appelle des *caravanes*. Quelques guides, connaissant parfaitement la route, marchent en tête de la longue file.

Les Arabes boivent le lait des *chamelles* comme nous buvons celui des vaches; de la peau de l'animal mort on fait un cuir solide, et de son poil laineux, des couvertures grossières et chaudes.

LE CHAMEAU.

XXXV. — PARESSEUX ET FOURMILIERS

Classe des Mammifères. Ordre des Édentés.

Voici de singuliers animaux, bizarres de forme et d'habitudes. Ils appartiennent à l'ordre des *Édentés*.

Le Paresseux, en effet, n'a pas de dents. Cet animal vit de feuillage, et passe sa vie dans les arbres. Il est de la taille d'un chien moyen. Sa tête est ronde et courte, ses pattes sont extrêmement robustes : leurs doigts sont cachés sous la peau et le poil ; on voit seulement sortir de très-longs et très-forts ongles en forme de griffes crochues. Son poil est touffu, long et rude, de couleur brune grisâtre ; il n'a pas de queue. A terre le paresseux a les mouvements lents et gauches ; il se traîne péniblement sur ses ongles repliés. — Il grimpe aux arbres avec lenteur, en s'y accrochant à l'aide de ses longues griffes comme par des crochets ; arrivé aux branches élevées, il broute autour de lui le feuillage, en allongeant la tête. On dirait qu'il craint de faire un mouvement inutile : c'est ce qui lui a fait donner le nom de *paresseux*. Il dort presque tout le jour sur l'arbre où il a grimpé, c'est surtout le soir et la nuit qu'il cueille sa nourriture. Il est peu intelligent. Le paresseux habite l'Amérique méridionale.

Le fourmilier tamanoir.

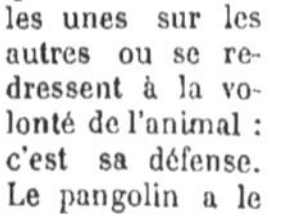

Les fourmiliers, comme leur nom l'indique, se nourrissent surtout de fourmis et autres petits insectes. Le *fourmilier tamanoir* est un animal d'assez grande taille (1 m. 50 de longueur). Il a le corps long, couvert de grands poils rudes, gris-noir, une longue queue extrêmement touffue qu'il redresse en panache sur son dos ; ses pattes sont munies de grands ongles forts et recourbés avec lesquels il gratte la terre et fouille les fourmilières. Sa tête est étroite, démesurément longue, ses oreilles toutes petites. Sa manière de prendre les fourmis est tout à fait curieuse. Après avoir bouleversé la fourmilière avec ses ongles, tirant de sa bouche sa langue, qui est très-longue, étroite, flexible et gluante, il la darde parmi les insectes affolés, qui s'y collent, s'y engluent. L'animal retire alors sa langue chargée des fourmis qui y sont attachées. Il y a plusieurs autres espèces de fourmiliers, qui sont de plus petite taille. Tous ces animaux appartiennent à l'Amérique du Sud.

Les *pangolins*, qui sont aussi des chasseurs de fourmis, sont remarquables par leur forme bizarre : on dirait de très-gros lézards... Ce sont bien pourtant des mammifères (appartenant à l'ordre des Édentés comme les précédents) ; mais tout leur corps est couvert de larges écailles qui se couchent les unes sur les autres ou se redressent à la volonté de l'animal : c'est sa défense. Le pangolin a le corps long ; sa queue, couverte aussi de grandes écailles et qui semble presque aussi grosse que le corps lui-même, va s'amincissant et se terminant en pointe. Ses pattes sont très-courtes et armées d'ongles très-forts ; sa tête écailleuse, fine, a aussi dans sa forme quelque chose qui rappelle la tête du lézard. Les pangolins se nourrissent de fourmis à la manière des fourmiliers. Ils vivent dans les forêts et se creusent des terriers sous les grosses racines des arbres. Les plus grands ont jusqu'à un mètre de longueur.

LE PANGOLIN.

LE PARESSEUX.

XXXVI. — LE PHOQUE

Classe des MAMMIFÈRES. Ordre des PHOQUES.

Les PHOQUES sont des animaux *amphibies*, c'est-à-dire à la fois aquatiques et terrestres, vivant dans l'eau et sur la terre. Le phoque commun habite les rivages de la mer ; cet animal a un ou deux mètres de longueur ; son corps est épais, arrondi ; il a le cou court, une grosse tête qui ressemble vaguement à une tête de chien. Ses pattes de devant sont très-courtes ; leurs doigts, renfermés dans l'épaisseur de la peau, comme ceux d'une main gantée d'une moufle, laissent seulement sortir leurs griffes fortes et aiguës. Ses deux pattes de derrière, encore plus épaisses, dirigées en arrière, avec la queue très-courte de l'animal forment un ensemble qui rappelle une queue de poisson. La peau du corps est épaisse, recouverte d'un poil lisse et luisant. Le phoque a les oreilles petites, le museau pourvu de longs poils formant une sorte de moustache comme celle des chats. Il a de gros yeux ronds, au regard doux et intelligent.

Le phoque.

Avec ses pattes courtes et son corps massif, le phoque ne peut que se traîner lentement et gauchement à terre ; mais il nage agilement, plonge très-bien, et peut rester longtemps sous l'eau, avant de revenir à la surface pour respirer. Il se nourrit de poissons et de mollusques marins. Quoiqu'il vive surtout dans l'eau et ressemble un peu de loin à un poisson, le phoque est un animal mammifère. La mère allaite ses petits, les porte entre ses pattes, les caresse tendrement et les défend avec courage. Le phoque est un animal paisible, nullement féroce, très-intelligent : il peut s'apprivoiser, et alors il connaît son nom et vient à la voix, comme un chien. Ces animaux aiment à prendre leurs ébats en nombreuse compagnie, sur le rivage, surtout la nuit, au clair de lune ; en se jouant, ils poussent en chœur des cris étranges, qui font une singulière musique. Quand le temps est beau, ils se couchent au soleil, et dorment paresseusement étendus sur la plage. Le phoque *otarie* se distingue par ses grandes oreilles ; le phoque *moine* est de plus grande taille ; le phoque *lion marin* a jusqu'à 4 mètres de longueur ; il est ainsi appelé parce qu'il porte sur le cou une épaisse et rude crinière. Le phoque *éléphant marin* a le museau terminé par une sorte de trompe. Les *morses* ou *vaches marines* portent à la mâchoire supérieure deux longues et fortes dents ou *défenses*, dirigées en bas. Malgré ces armes terribles, les morses sont des animaux tranquilles, qui n'attaquent personne, mais se défendent avec courage s'ils sont attaqués. Les morses n'habitent que les rivages glacés des mers du Nord. Leurs dents fournissent un ivoire très-blanc et très-estimé.

Morses ou vaches marines

PHOQUES SE JOUANT SUR LA GLACE.

XXXVII. — LA BALEINE

Classe des MAMMIFÈRES. Ordre des CÉTACÉS.

De tous les animaux qui vivent dans les eaux, le plus gros est la BALEINE. Imaginez ce corps monstrueux de 20 ou 30 mètres de longueur, gros à proportion, pesant jusqu'à 100,000 kilogrammes ! La baleine a à peu près la forme d'un poisson, et pourtant ce n'est pas un poisson. Les poissons ont des *arêtes*, le corps froid, respirent dans l'eau au moyen d'organes appelés *branchies*, font des œufs, qu'ils abandonnent au hasard ; la baleine a des *os*, le corps chaud comme celui d'un animal terrestre, elle respire l'air par des poumons, elle *allaite* son petit avec des mamelles. La baleine est donc bien un *mammifère*, mais un mammifère organisé pour la vie dans les eaux. Elle a des *bras* (pattes de devant) courts, élargis, sans doigts, tout semblables à des nageoires ; son corps se termine par une queue aplatie, en forme de queue de poisson. Il est recouvert d'une peau extrêmement épaisse, sans poils, luisante et grasse, de couleur noire ou grise. Sous cette peau il y a une couche de graisse très-épaisse et très-ferme, qui forme ce qu'on appelle le *lard* de l'animal. La tête de la baleine est énorme ; sa gueule ouverte est comme un gouffre ; mais elle n'a pas de dents, et son gosier est très-étroit, en sorte qu'elle ne peut avaler que de petits poissons et de préférence encore des *mollusques* demi-transparents et de petits *crustacés*, qui fourmillent dans les eaux de la mer. Mais elle en consomme une quantité effrayante.

Pêche à la baleine.

Pour subsister par le moyen d'une telle nourriture, la baleine doit être *organisée* d'une façon toute spéciale : il lui faut tout un attirail particulier pour cette sorte de pêche. En place de dents, sa mâchoire est garnie de *lames* longues, étroites, élastiques, disposées comme des dents de peigne, et qu'on nomme *fanons*. Pour *pêcher*, la baleine ouvre sa gueule, nage rapidement, engouffrant l'eau et les petits poissons ou mollusques marins ; puis elle referme sa gueule, l'eau s'écoule entre ses *fanons*, les poissons restent pris comme dans une nasse... Elle les avale. La baleine nage très vite, plonge profondément ; mais elle est obligée de venir de temps en temps respirer sur l'eau. Remarquons encore ses yeux très-petits, situés tout aux coins de la gueule ; et sur sa tête les deux trous de ses narines, appelés *évents*, par lesquels l'animal respire et souffle l'eau à grand bruit quand il vient à la surface. Cet animal monstrueux et d'une force prodigieuse serait bien redoutable s'il était féroce : mais il est doux et inoffensif, au contraire. La mère aime tendrement son *baleineau*, l'allaite, le protège, le défend au besoin, porte entre ses nageoires cet énorme nourrisson...

La pêche de la baleine est une pêche pénible et dangereuse ; les pêcheurs, montés sur des barques, attaquent l'animal avec de fortes lances appelées *harpons*, fixées au bout de très-longues cordes. La baleine morte, sa graisse fondue dans de vastes chaudières produit une énorme quantité d'huile ; ses fanons fournissent ces lames élastiques que nous appelons des *baleines*. Ces animaux vivent surtout dans les mers du Nord.

Il y a plusieurs espèces de baleines. La *baleine franche* est celle que nous venons de décrire. La baleine *rorqual* a la tête moins grosse, le museau plus pointu, le corps plus allongé. Elle habite à peu près les mêmes mers. Ces animaux gigantesques étaient autrefois très-communs : ils sont aujourd'hui assez rares. — Les *Cachalots* ressemblent beaucoup aux baleines, et ont à peu près la même manière de vivre ; mais ils sont un peu moins gros, ils ont des dents et non pas des fanons. Dans leur tête il y a en quantité énorme une matière grasse et blanche qu'on nomme *blanc de baleine*, et dont on fait des bougies.

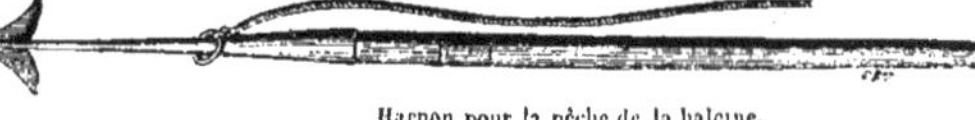

Harpon pour la pêche de la baleine.

BALEINE ÉCHOUÉE SUR LE RIVAGE.

XXXVIII. — LE DAUPHIN

Classe des MAMMIFÈRES. Ordre des CÉTACÉS.

Quoiqu'ils aient, comme la *baleine* et mieux encore, la forme des poissons, et vivent dans les eaux de la mer, les DAUPHINS ne sont pas des poissons : ce sont des *mammifères nageurs*, de l'ordre des *cétacés*. Comme la baleine et comme les mammifères terrestres, ils ont le sang chaud, respirent l'air par des poumons, allaitent leurs petits ; tandis que les poissons ont le sang froid, respirent dans l'eau au moyen d'*organes* appelés *branchies*, font des œufs qu'ils abandonnent au hasard. Les dauphins sont des animaux de taille assez grande ; leur corps est lisse, sans écailles ni poils, noir sur le dos, gris sur les côtés, blanc sous le ventre ; leurs pattes de devant sont faites en forme de nageoires ; leur queue est aplatie, large et fourchue, en forme de queue de poisson ; ils ont de plus une autre nageoire sur le dos. Ils ont la tête très-grosse, le front saillant et comme bossu. Leur museau, étroit et pointu, figure une sorte de bec, bien armé de fortes dents. Leurs narines réunies forment un seul trou, appelé *évent*, au-dessus de ce museau qui avance ; leurs oreilles sont à peine visibles, mais ils entendent fort bien. Les dauphins nagent aussi bien que de véritables poissons, plongent et restent longtemps sous l'eau ; mais ils sont obligés de revenir de temps en temps à la surface, pour respirer l'air ; sans quoi ils étoufferaient, ils se *noieraient*... Ces animaux sont très-vigoureux ;

Le marsouin.

quand ils battent l'eau de leurs nageoires et de leur queue, la mer écume autour d'eux. Ils vivent de poissons, nagent par troupes, et se plaisent à suivre les navires et les barques, à se jouer alentour. Ces animaux inoffensifs, nullement féroces, sont communs dans la Méditerranée. Les *marsouins* ressemblent fort aux dauphins, sont organisés de même et ont les mêmes habitudes ; mais ils sont de moindre taille, leur corps est plus large. Ce sont les plus petits des cétacés. Les marsouins vivent en grandes troupes, sont fort turbulents, mais non pas méchants. Ils sont très-communs dans l'océan Atlantique, la Manche, la mer du Nord. Ils aiment à s'approcher des rivages, et même remontent les fleuves jusqu'à quelque distance de l'embouchure. Les *narvals*, autres cétacés de la grandeur et de la forme du marsouin, sont munis d'une arme singulière : c'est une grosse et longue dent, presque aussi longue que le corps de l'animal, qui sort de leur mâchoire supérieure sous les narines, et s'avance comme une sorte de corne, raide, dure et pointue, toute droite, et rayée seulement de *cannelures* en spirale, comme si elle eût été tordue. Ces animaux vivent dans les mers glaciales du Nord, aux environs de l'Islande et du Groënland. Ils ont la même manière de vivre que les autres cétacés : mais, armés en guerre avec leur épée redoutable, ils sont plus farouches, et plus batailleurs. Leurs grandes dents fournissent un très-bel ivoire.

DAUPHINS SE JOUANT SUR LA MER.

XXXIX. — LA SARIGUE

Classe des Mammifères. — Ordre des Marsupiaux.

Il y a, dans les contrées lointaines de l'Amérique et de l'Océanie, certains animaux d'une organisation tout à fait singulière. Ces animaux ont sous le ventre une sorte de repli de peau en forme de large poche, semblable aux poches de nos vêtements, et dans cette poche ils portent... leurs petits. Cette conformation toute particulière les a fait réunir dans un ordre à part, l'ordre des *marsupiaux*, c'est-à-dire des *mammifères à poches*. La Sarigue, que représente notre gravure, est un de ces animaux étranges. Elle a la taille d'un chat, le poil fin et doux, de couleur brune grisâtre. Elle a la tête petite, le museau pointu avec de longues moustaches de chat, les yeux vifs, les oreilles larges et droites. Sa queue est longue, mince et flexible, et peut s'enrouler autour des objets, autour des branches des arbres. Ses pattes de derrière comme ses pattes de devant se terminent par de petites *mains* à peu près semblables aux mains des singes, leur pouce se repliant en face des autres doigts pour saisir plus facilement. C'est que la sarigue est, comme le singe, un animal grimpeur. Elle monte dans les arbres avec la plus grande agilité. Elle est carnivore et fait sa proie de rats, de souris, de petits oiseaux même, de limaçons et d'insectes; mais elle mange aussi des fruits et des graines. Elle est surtout friande des œufs, qu'elle va ravir dans les nids des oiseaux. Les jeunes de la sarigue, extrêmement petits d'abord, frêles, incapables de se mouvoir, périraient s'ils n'étaient abrités. La mère les met dans cette sorte de poche qu'elle a sous le ventre ; elle les porte ainsi partout avec elle. Sans sortir de cette poche, les petits sucent ses mamelles. Ils grandissent peu à peu ; devenus plus forts, ils sortent de leur asile, courent et jouent autour de leur mère ; mais au moindre danger ou à l'appel de leur mère, ils reviennent en hâte ; la sarigue les aide à rentrer dans sa poche, puis s'enfuit ou se cache en grimpant aux arbres, emportant toute sa famille. N'est-ce pas une chose bizarre et touchante à la fois? — Ou bien quand les petits, ayant trop grandi, ne peuvent plus tenir dans la poche, ils montent sur le dos de leur mère et se soutiennent en enroulant leur queue autour de sa queue relevée..., autre manière non moins gentille et curieuse de voyager. — Parmi les animaux qui portent aussi leurs petits dans une poche, citons les *dasyures*, qui ont la taille d'un petit chat et sont carnivores comme les sarigues. Les *tylacines*, autres carnivores du même groupe, sont beaucoup plus grands ; ce sont de véritables bêtes féroces, de la taille des loups, et qui vivent aussi de carnage; ils dévorent souvent les moutons. Le *koala* est un joli animal du même ordre, au poil touffu, aux oreilles longues et pendantes.

Le koala.

Le wombat.

Le *wombat*, habitant l'Australie, rappelle un peu le castor par son corps épais et sa chaude fourrure ; mais il n'a pas de queue. C'est un animal *rongeur*, qui vit de racines, et se creuse un terrier comme font les lapins dans nos bois.

SARIGUE EMPORTANT SES PETITS DANS SA POCHE.

SARIGUE EMPORTANT SES PETITS SUR SON DOS.

XL. — LE KANGUROU

Classe des **Mammifères.** — Ordre des **Marsupiaux.**

L'étonnant animal qui porte le nom bizarre de Kangurou habite les régions sauvages de l'Australie et des îles voisines. — Figurez-vous un animal d'un mètre à peu près de hauteur ; son corps, mince de l'avant, massif en arrière, est couvert d'un poil brun ou grisâtre, luisant sur la tête, les pattes et la queue, ailleurs épais et laineux. Sa tête est petite, son museau effilé, ses oreilles grandes et dressées ; sa queue longue et forte. Les pattes de devant sont courtes, assez faibles, mais armées de longues griffes ; les pattes de derrière, au contraire, sont longues, très robustes. Ainsi bâti, l'animal ne saurait courir à quatre pattes ; mais avec ses longues jambes de derrière, qu'il raidit tout à coup contre le sol, il bondit comme s'il était lancé par un ressort. Il fait des sauts prodigieux ; quand il est poursuivi, il fuit ainsi, avançant de bond en bond avec une rapidité extrême, en sorte qu'il paraît à peine toucher terre ; il est très-difficile de l'atteindre. Pour se reposer, il se tient le plus souvent accroupi à la manière des écureuils. Mais ce que le kangurou a de plus remarquable, c'est un large et profond repli de peau qui forme sous son ventre comme une vaste poche dans laquelle cet étonnant animal porte ses petits... Les petits du kangurou, d'abord très-faibles et très-grêles, sont incapables de se mouvoir ; mis sur le sol, ils ne pourraient suivre leur mère, ils périraient. La mère les porte partout avec elle dans sa poche. Là, bien abrités, ils sucent à loisir ses mamelles ; peu à peu ils se développent, grandissent. Devenus plus forts, ils peuvent sortir de la poche, jouer et sautiller autour de leur mère ; mais au moindre danger, ou seulement dès qu'ils se trouvent fatigués, ils rentrent dans leur asile. N'est-ce pas une chose vraiment extraordinaire ?

Les kangurous sont herbivores ; ils broutent l'herbe, les jeunes pousses et le feuillage des buissons ; ils vont par petites troupes et se plaisent dans les bois. Ce sont des animaux inoffensifs, très-doux même et timides ; il ne serait pas sans doute bien difficile de les apprivoiser, mais ils sont peu intelligents. Il y a plusieurs autres espèces de mammifères qui sont, comme les kangurous, pourvus d'une poche pour porter leurs petits. Les animaux organisés par cette façon composent l'ordre des *Marsupiaux*, ainsi appelés d'un nom qui signifie *animaux à poche*. Les uns sont *herbivores* comme les kangurous, les autres sont carnivores. Parmi ceux qui ne vivent que de végétaux, on remarque les *phalangers*, qui se plaisent sur les arbres, et ressemblent un peu à nos écureuils ; ils ont aussi à peu près la même manière de vivre, mais leur queue est *prenante*, c'est-à-dire qu'elle peut saisir fortement en s'enroulant autour des branches ; les *pétauristes*, semblables aux écureuils volants, sont pourvus aussi d'une sorte de peau qui s'étend en forme d'ailes entre les pattes de l'animal, et lui aide à sauter de branche en branche. Enfin, les *péramèles* se creusent des terriers et ont à peu près la même manière de vivre que nos lapins.

Kangurou portant son petit dans sa poche.

LE KANGUROU.

XLI. — LE MANCHOT

Classe des OISEAUX. Ordre des PALMIPÈDES.

Voici une famille d'oiseaux marins qui ne volent point, marchent difficilement à terre, mais nagent admirablement. Ils n'ont que des moignons d'ailes impropres au vol; leurs pattes, très-fortes, palmées (c'est-à-dire dont les doigts sont réunis par une peau, comme ceux des canards) leur servent de rames, de nageoires. Ils se nourrissent de poissons: ce sont des oiseaux pêcheurs. — Le MANCHOT est de grande taille ; à terre, il se tient presque debout sur ses pattes, la tête haute. Son corps est couvert d'un plumage semblable à

Manchot conduisant à l'eau ses petits.

un épais duvet ; il a le ventre blanc, le dos gris foncé : on dirait un manteau gris jeté sur ses épaules. Sa tête est grise ; il a le bec long et mince. Ses moignons d'ailes, sans plumes, écailleux, figurent comme deux petits bras courts et pendants : ce qui lui a fait donner son nom de *manchot*. Le GORFOU a un collier de plumes noires bordées de jaune, rappelant une cravate avec son nœud; tandis que des deux côtés de la tête des touffes de plumes flottantes rejetées en arrière simulent une coiffure ébouriffée. Ces singuliers oiseaux nichent à terre, dans des trous qu'ils se creusent sur le rivage. Les petits, à peine éclos, conduits et protégés par leurs parents, se jettent à l'eau, et nagent mieux que des canards. Les manchots nagent avec une agilité extrême, plongent, restent longtemps sous l'eau, sont fort habiles pêcheurs, et saisissent adroitement les poissons. Ils vivent en nombre immense sur les rivages des mers du Sud. Les PINGOUINS, très-communs le long des terres des régions glacées du Nord, ressemblent beaucoup aux manchots; mais ils sont plus petits et plus gros encore ; leur bec est plus épais et recourbé, leurs pattes palmées plus ro

Gorfous.

bustes. Leurs petits ailerons ont des plumes, mais ne peuvent servir à voler. Ils nagent parfaitement, marchent très-mal, vont rarement à terre ou sur la glace. Dans le même groupe il faut encore citer les *plongeons*, habitants aussi des climats rigoureux; leurs ailes, pourvues de plumes, sont très-courtes. Les *grèbes* et les *guillemots*, autres oiseaux pêcheurs des mêmes rivages, ont des ailes plus fortes et plus longues ; ils volent assez facilement, mais lourdement, en rasant l'eau ; ils ne s'élèvent jamais bien haut dans l'air. Tous ces oiseaux sont doux, tranquilles, peu intelligents. Leur duvet est moelleux, leur chair huileuse et de mauvais goût.

LES PINGOUINS.

XLII. — LE CANARD

Classe des Oiseaux. — Ordre des Palmipèdes.

Le Canard sauvage est un bel oiseau qui a la taille d'une grosse poule, mais qui est plus bas sur ses pattes plus courtes. Son corps est revêtu d'un épais et chaud plumage, duveteux, doux et luisant, ayant la propriété curieuse de ne pas se *mouiller* à l'eau. Sa tête, son cou, sa gorge, sont d'un beau vert bleu à reflets violets et dorés ; il a la poitrine brune, le dos brun cendré, les ailes ornées de bandes brunes et blanches. Son gros bec, long, large, aplati, de couleur jaunâtre, fait entendre des *cancan* peu harmonieux... Le canard a les pattes *palmées*, c'est-à-dire qu'une peau épaisse s'étend entre ses doigts joignant l'un à l'autre. Quand l'animal nage, il étale ses doigts, et la peau tendue forme alors comme une large rame, avec laquelle il repousse l'eau pour porter son corps en avant. Les oiseaux nageurs ainsi organisés forment l'ordre des *palmipèdes* (oiseaux à pieds palmés) auquel appartiennent le canard, l'oie, etc., etc. Les canards sauvages se réfugient l'été dans les régions froides du Nord, et viennent seulement dans nos pays passer l'hiver, sur nos étangs et nos rivières. Malgré leur apparence lourde, ils volent fort bien, haut, vite et longtemps ; ils font leurs longs voyages en peu de jours. Ils volent par troupes, et toujours en double file, formant en l'air comme un grand *V*, dont la pointe est tournée dans le sens du vol. Ils voyagent le soir ; fatigués, ils s'abattent sur les étangs et les rivières, s'abritent sous les roseaux. Ils nagent.... « comme des canards », c'est-à-dire avec grâce et rapidité. Ils plongent parfaitement. Les canards se nourrissent de vermisseaux qu'ils saisissent en barbotant dans le limon, d'herbes aquatiques, de petits poissons et de reptiles. Ils sont très-farouches, et s'envolent à l'approche d'un homme en poussant des cris effrayés. Ils font leurs nids dans les roseaux.

Canards sarcelles.

Les canards de nos fermes sont des canards de race sauvage qu'on a apprivoisée. On les nourrit de graines, de pâtée, comme les autres volailles ; mais il leur faut de l'eau, une mare au moins pour prendre leurs ébats. Avec leur humeur farouche ils ont perdu leur agilité ; ils sont gras, lourds, marchent mal, volent peu. La femelle, qu'on appelle *cane*, pond des œufs de la grosseur des œufs de poule. Les petits à peine éclos vont à la rivière : rien n'est plus gentil que de voir la cane mener à l'eau toute sa petite famille grouillante, qu'elle appelle autour d'elle par des *coin-coin* affectueux...

Les *milouins*, les *sarcelles*, les *macreuses*, les *harles* sont des palmipèdes de même famille que le canard, dont ils diffèrent surtout par le plumage.

LES CANARDS SAUVAGES.

XLIII. — L'OIE

Classe des Oiseaux. Ordre des Palmipèdes.

Les Oies sont des oiseaux de l'ordre des *palmipèdes*, ressemblant assez au canard, mais de plus grande taille. L'oie a le cou plus long que le canard, les pattes plus longues et plus fortes : *palmées* de même, c'est-à-dire pourvues d'une peau qui s'étend entre les doigts, en sorte qu'elle forme, quand l'animal ouvre sa patte, une sorte de rame large et forte, à l'aide de laquelle il repousse l'eau. Cependant les oies, qui marchent mieux que les canards, nagent moins bien; elles se plaisent moins dans l'eau, et ne plongent pas. Les *oies sauvages* sont des oiseaux de *passage* : on entend par là qu'elles viennent seulement passer l'hiver dans nos pays; l'été, elles vont habiter les contrées plus froides du Nord. Malgré leur apparence lourde, ces animaux volent très-bien, très-haut, et très-longtemps. Vers l'automne on les voit passer au ciel en deux longues files, formant la figure d'un *V*, dont la pointe est tournée dans le sens de leur vol. C'est le jour qu'elles voyagent; le soir, abattant leur vol près des étangs, dans les marécages, dans les prés humides, elles s'abritent sous les buissons ou dans les roseaux. Elles vont par troupes; et lorsqu'elles traversent l'air ou vont chercher leur nourriture par les champs, on entend au loin leurs cris éclatants et peu harmonieux. Ces oiseaux sont très-farouches; au moindre bruit, à l'approche d'un homme, ils se cachent sous les roseaux ou s'envolent avec de grands cris effrayés. Ils vivent comme les canards sauvages, de vermisseaux; mais ils paissent aussi l'herbe, les jeunes bourgeons des plantes. Il y a plusieurs espèces d'*oies sauvages*, qui diffèrent par la couleur de leur plumage : l'*oie cendrée*, de couleur grise; l'*oie de neige*, blanche, avec le bout des ailes noir seulement; l'*oie rieuse*, grise, à tête blanche, dont le cri semble un éclat de rire; l'*oie marbrée*, tachetée de blanc.

Oie commune.

Les oies domestiques de nos basses-cours viennent d'oies sauvages apprivoisées. Elles sont grises ou blanches, ont le bec jaune ou orangé. Malgré leur réputation, les oies sont loin d'être « bêtes » : elles sont assez intelligentes au contraire; elles s'apprivoisent facilement, sont fort sociables entre elles et s'attachent même beaucoup à leur maître. On élève dans certaines parties de la France de grands troupeaux d'oies qui vont dans les champs et les prairies paître l'herbe sous la garde d'un enfant. Elles savent, du reste, se garder elles-mêmes; réunies, elles se défendent courageusement contre le renard ou l'oiseau de proie qui voudrait les attaquer. A cette pâture qu'elles vont chercher, on ajoute des graines, des bouillies, des pommes de terre écrasées; même nourriture enfin qu'aux autres volailles. Les oies pondent et couvent leurs œufs à terre, comme les poules; les petits *oisons*, à peine éclos, vont aux champs conduits par leur mère. Les oies perdent leur duvet naturellement deux fois par an; à ce moment, on enlève la plume prête à tomber, pour en remplir les coussins et les oreillers. Les grandes plumes de leurs ailes fournissaient autrefois les plumes à écrire, remplacées aujourd'hui par de petites griffes de fer. La chair de l'oie est une nourriture agréable et saine.

L'*eider*, oiseau qui ressemble au canard et à l'oie, quitte peu les rivages glacés du Nord; il niche dans les creux des rochers au pied desquels vient battre la mer, à des hauteurs presque inaccessibles. Cet oiseau a pour habitude de s'arracher le duvet du ventre pour recouvrir ses œufs. Les habitants de ces froides contrées bravent mille dangers pour aller recueillir, dans les nids des *eiders* ce duvet qu'on nomme *édredon*, et dont on fait des couvre-pieds chauds et légers.

OIES ATTAQUÉES PAR UN RENARD.

XLIV. — LE CYGNE

Classe des Oiseaux. Ordre des Palmipèdes.

Comme le canard, comme l'oie, auxquels il ressemble beaucoup, le **Cygne** appartient à l'ordre des *palmipèdes;* mais il est de bien plus grande taille, bien plus fort, bien plus beau et plus fier. Le cygne se distingue par son beau plumage, doux, soyeux, blanc de neige; son cou, très-long et très-flexible, est gracieusement recourbé en S. Sa tête est petite; son bec, aplati, comme celui du canard, est d'une jolie teinte orangée; ses pattes, très-fortes, larges, bien palmées, sont noires ou jaunes. Le cygne, à terre, marche mal et paraît gauche; mais lorsqu'il nage, repliant son cou, entr'ouvrant ses grandes et belles ailes blanches semblables à de larges voiles comme pour s'aider du vent, rien n'est plus gracieux.

Les cygnes sauvages volent très-haut et très-vite, comme les oies sauvages et les canards sauvages. Ils vivent, l'été, dans les pays froids du Nord, et viennent chez nous vers le mois de novembre. Ils passent l'hiver sur les étangs, aux lieux les plus écartés, car ils sont très-farouches. Ils étaient autrefois très-communs sur la Seine et les rivières voisines; ils y sont aujourd'hui très-rares. C'est sur les étangs solitaires, entourés de bois épais, qu'on les voit s'abattre, par couples, à la brune, par quelque soir d'automne. Ils se nourrissent d'herbes aquatiques, de petits poissons qu'ils pêchent dans les eaux, de vermisseaux et d'insectes qu'ils saisissent parmi les hautes herbes des rives. La femelle se fait un nid d'herbes entrelacées, à l'abri des roseaux, et y pond des œufs d'un blanc verdâtre; les petits cygnes qui en éclosent ont un plumage gris pendant leurs deux premières années; ces plumes tombent, et sont remplacées par des plumes blanches. Chose assez étonnante : tandis que les petits canards, à peine éclos, vont à la rivière, nagent et barbotent tout naturellement, les jeunes cygnes ne savent pas nager: il faut que leurs parents leur fassent leur éducation. Il est vraiment très-curieux de voir le père et la mère, qui ne se séparent jamais, conduire à l'eau leurs petits, les soigner, les caresser, les porter sur leur dos et se prêter à leurs jeux. Ces beaux oiseaux — malgré la fable du *chant du cygne* — ne chantent pas; ils font entendre un cri éclatant et désagréable, et vraiment ils feraient mieux de se taire. Ils sont du reste peu intelligents.

Les cygnes domestiques sont seulement à demi apprivoisés; ils ont perdu l'habitude de voler, et se plaisent dans les étangs des parcs, où ils font un effet charmant; mais ils gardent toujours quelque chose de leur sauvagerie.

Il y a une autre espèce de cygne, dont le plumage est absolument noir. Les *cygnes noirs* sont plus petits que les cygnes blancs; leur bec est d'une couleur rouge éclatante. Ils vivent à l'état sauvage en *Australie.*

Cygnes noirs d'Australie.

CYGNES BLANCS.

CYGNES SUR UN ÉTANG.

XLV. — LA MOUETTE

Classe des Oiseaux. Ordre des Palmipèdes.

Voici toute une nombreuse tribu d'oiseaux de mer, d'oiseaux pêcheurs, à pattes largement *palmées*, à grandes ailes, nageant, plongeant, volant également bien; hardis et adroits pêcheurs des eaux salées, qui se jouent sur les vagues, aiment le vent et la tempête. Les Mouettes communes sont de la taille d'un pigeon; leur moelleux plumage, qui comme celui de tous les oiseaux aquatiques, ne se mouille pas à l'eau, est d'une jolie couleur gris cendré sur le dos et les ailes, blanc sur la tête et le ventre. D'autres espèces ont la tête brune,

La mouette.

d'autres gris ardoisé; d'autres enfin sont toutes blanches. Tous ces oiseaux ont le bec long, fort, aplati, aigu. Les Goëlands ressemblent beaucoup aux *mouettes*, mais sont de plus grande taille, ont le bec plus fort et tranchant. Les goëlands sont blancs de plumage, sauf les ailes et le dos, qui sont gris cendré, gris-bleu ardoisé, ou noir luisant suivant les espèces. — Les ailes trempant dans l'écume, sans souci du vent, poussant des cris rauques semlables aux croassements des corbeaux, ils guettent le poisson, l'aperçoivent à travers l'eau; tout à coup ils plongent et bientôt reviennent sur l'eau et s'envolent, emportant leur proie. Souvent ils se posent sur les rochers, ou courent sur le sable humide de la grève; le rivage en est parfois tout couvert. Ils sont hardis et farouches à la fois, ne se laissent pas approcher; mais quand on les prend jeunes, on peut les apprivoiser très-facilement. A l'état sauvage, ces oiseaux déposent leurs œufs sur le sable de quelque rivage désert, ou dans les trous de rochers les plus inaccessibles. Très-communs dans nos pays, ils vivent plus nombreux encore dans les pays froids du Nord, en Norwége, en Suède, en Islande. Les *calbes*, les *pétrels*

L'hirondelle de mer.

du Groënland sont des oiseaux de mer ressemblant beaucoup aux mouettes; les *frégates* sont de plus grande taille, et volent très-haut dans l'air, avec une rapidité extrême. Les *sternes*, appelés aussi *hirondelles de mer*, sont plus petites que les mouëttes, de forme légère et fluette, fort élégantes avec leur plumage gris sur le corps, leur capuchon noir sur la tête, leur long bec fin, leurs longues ailes et leur longue queue fourchue qui les font ressembler aux hirondelles. Comme les hirondelles aussi ce sont des oiseaux voyageurs, qui viennent chez nous au printemps, et quittent nos rivages à l'automne pour passer en des régions plus chaudes.

CHASSE AUX OISEAUX DE MER.

XLVI. — LE HÉRON

Classe des OISEAUX. Ordre des ÉCHASSIERS.

« Un jour, sur ses longs pieds, allait je ne sais où,
« Le héron au long bec emmanché d'un long cou»

dit La Fontaine dans une de ses fables. En deux vers, voilà le portrait de l'animal. Tout est long et maigre, en effet, dans le HÉRON. Rien qu'à voir ses jambes hautes et minces, sur lesquelles il semble perché comme sur des échasses, vous comprenez pourquoi cet oiseau est rangé dans l'ordre des *échassiers*. Il y a plusieurs espèces de hérons. Le *héron commun* a le plumage de couleur gris cendré ; ses pieds ont de longs doigts terminés par des griffes aiguës ; sa tête porte une espèce de panache de plumes flottantes qui retombent derrière son cou. Ces oiseaux vivent dans les marais, le long des rivières. Ce sont des pêcheurs, de leur métier ; mais ils ne poursuivent point leur proie et ne plongent point pour la saisir au fond de l'eau, comme font d'autres oiseaux *aquatiques*; ils ne nagent point. Ils entrent dans l'eau peu profonde, près du rivage ; et là, ils se tiennent patiemment immobiles, d'un air grave et triste, attendant qu'un petit poisson, une grenouille vienne à passer. Alors, abaissant vivement leur cou, ils saisissent leur proie d'un coup de bec rapide. — Les hérons volent très-bien et s'élèvent très-haut dans l'air. Ils vivent par troupes, voyagent d'un étang à un autre. Au printemps, ils se réunissent en grand nombre pour faire leurs nids dans quel-

Nid de hérons dans une héronnière.

que petit bois au bord de l'eau, en un lieu retiré. Les arbres sont chargés de nids de hérons : c'est ce qu'on appelle une *héronnière*. Ces nids sont grossiers, formés seulement de brindilles entrelacées. Les œufs éclos, le père et la mère apportent à leurs petits de menus poissons pour leur nourriture ; puis les *héronneaux*, devenus capables de voler, quittent le nid et vont eux-mêmes à la pêche. Les hérons sont des oiseaux de *passage*; ils quittent nos pays au mois d'août et reviennent dès le printemps. Le *héron blanc* a le plumage d'un beau blanc de neige. Le héron *butor*, plus petit et plus épais, moins haut sur ses jambes et de couleur brune tachetée de noir, est plus triste et plus sauvage encore que les autres. Il va seul et non pas en troupes ; il se tient dans les marais les plus déserts et se cache dans les roseaux. Le soir, il fait entendre son cri, qui est fort et retentissant, et semble un mugissement rauque.

Les *grues*, autres échassiers pêcheurs qui ressemblent aux hérons, sont de forme plus élégante. Les *grues cendrées* ont un long cou recourbé en S, un épais plumage, une belle queue en panache. La grue *couronnée* se distingue par une jolie aigrette de plumes légères qu'elle porte sur la tête comme une sorte de couronne. La grue nommée *demoiselle de Numidie*, qui vit en Afrique, est un oiseau de forme svelte et gracieuse. Tous ces oiseaux volent fort vite, haut et longtemps ; leur manière de vivre est à peu près la même que celle des hérons.

LE HÉRON.

XLVII. — LA CIGOGNE

Classe des OISEAUX. Ordre des ÉCHASSIERS.

Chaque année, vers les premiers jours de mars, nos compatriotes d'Alsace voient arriver les CIGOGNES, messagères bien venues, dont l'arrivée annonce le retour du printemps. On les voit traverser le ciel en longues files, bien haut dans les nuages ; puis elles s'abattent sur les tours, sur les clochers, sur les hautes cheminées. C'est là qu'elles font leurs nids, sortes d'*aires* plates, grossièrement tissées de brindilles entrelacées, garnies de plumes ou de feuilles de roseaux. La cigogne appartient à l'ordre des *échassiers*, a les longues jambes, le long cou, le long bec du héron ; même démarche grave, presque triste, même manière de pêcher. La cigogne va cherchant sa proie dans les marécages, au bord des rivières, dans les roseaux. Souvent elle reste immobile des heures entières, les pieds dans l'eau peu profonde, près de la rive, attendant qu'une grenouille, un petit poisson, un reptile passe à sa portée; alors elle s'élance, et d'un coup de son bec rapide elle saisit la proie. — Les cigognes font une chasse active aux reptiles malfaisants ; elles détruisent même une grande quantité de serpents venimeux : excellents services qui doivent les faire respecter et protéger de tous. — Tandis que les hérons sont sauvages et défiants, les cigognes, au contraire, se montrent douces, familières et confiantes. Elles aiment, avons-nous dit, à faire leurs nids près de nos demeures. Les Alsaciens, reconnaissants des services que rendent ces oiseaux, évitent de les effrayer. Ils établissent sur le haut des toits ou dans les grands arbres de vieilles roues posées horizontalement : c'est comme une sorte de plancher solide sur lequel les cigognes, attirées par cette prévenance, viennent construire leurs nids. Ainsi accueillies elles s'apprivoisent très-facilement. Il n'est pas rare de voir des cigognes jouant avec les enfants sur le seuil de la maison, et venant prendre dans leurs mains la nourriture offerte. Ces excellents oiseaux montrent beaucoup d'intelligence, — on dirait une sorte de raison... Ils sont d'une nature très-affectueuse. Non-seulement le père et la mère soignent tendrement leurs petits nouvellement éclos, et s'exposeraient à tous les dangers pour les sauver et les défendre; mais ils sont aussi très-dévoués l'un pour l'autre, se suivent partout, ne se quittent jamais. De plus, si quelqu'une d'entre elles est blessée ou malade, incapable de pourvoir à ses besoins et de quitter le nid, les autres cigognes viennent lui apporter la nourriture. — Les cigognes sont des oiseaux de passage ; ils habitent dans nos pays pendant le printemps et jusqu'à la moisson ; mais au mois d'août ils nous quittent, traversent la mer et vont en Afrique, où la nourriture — insectes, reptiles — est plus abondante. Elles reviennent au printemps, et chacune sait retrouver son nid, reconnaître ses voisins, les habitants de la maison. Les cigognes, très-communes en Alsace, sont plus rares dans nos départements. Il y en a plusieurs espèces. La cigogne commune a le plumage blanc, les ailes bordées de noir; la cigogne noire, plus petite, est beaucoup plus sauvage. Les *jabirus*, qui vivent dans les marais de l'Amérique méridionale, sont encore des *échassiers* de même famille, ainsi que les *marabouts*, habitants de l'Inde et de l'Afrique. Ces derniers sont de plus grande taille, épais, lourds, fort laids, avec leur bec énorme, leur cou dégarni de plumes et leur jabot pendant. Ils sont sauvages et voraces. On les protège à cause des services qu'ils rendent. D'autres espèces habitent l'Asie et l'Afrique. — Les *spatules* se distinguent des cigognes par la forme de leur bec, qui est aplati et élargi du bout, en forme de *manche de cuiller*. Elles vivent dans les marais et sur les rivages de la mer, et se nourrissent d'insectes aquatiques, de reptiles et de petits poissons. Elles sont communes dans les pays du midi de l'Europe.

La cigogne.

UN NID DE CIGOGNE.

XLVIII. — L'AUTRUCHE

Classe des Oiseaux. Ordre des Échassiers.

L'Autruche est le géant des oiseaux. Mais c'est un oiseau étrange, un oiseau qui ne vole pas, qui a beaucoup des habitudes d'un quadrupède. Il appartient à l'ordre des *échassiers*, ainsi nommés à cause de leurs longues jambes grêles, sur lesquelles ils ont l'air d'être perchés comme sur des échasses. L'autruche, des pieds au sommet de la tête, a parfois trois mètres et plus ; elle pèse 40 ou 50 kilogrammes : le poids d'un homme, presque ! Ses longues jambes sont fortes et rudes ; ses pieds n'ont que deux doigts seulement, dont l'un est très-court et sans ongle. Son cou, extrêmement long, porte une toute petite tête. Cette tête a un gros bec de canard, très-épais et très-fort ; de gros

Le casoar.

yeux, tournés en avant, et non vers les côtés comme le sont ordinairement les yeux des oiseaux ; des oreilles très-visibles. La tête, le cou, la partie supérieure des jambes sont nus ; un léger duvet y flotte à peine. Mais le corps de l'animal est couvert de plumes. Ses ailes, tout à fait impropres au vol, sont pourvues de belles plumes, molles, flexibles, comme duveteuses ; la queue est en forme de panache. L'autruche vit d'herbe, qu'elle *paît* à terre en abaissant son long cou. — Elle est extrêmement vorace ; elle avale tout sans discernement, même les objets qui ne sont aucunement propres à lui servir de nourriture : des cailloux, des morceaux de bois, de fer, du plâtre, de la chaux : peu importe ! L'autruche est du reste un animal très-peu intelligent ; on peut l'apprivoiser à demi. Comme elle est très-vigoureuse, elle peut facilement porter un homme sur son dos : mais cette singulière monture est extrêmement difficile à diriger.

Ces oiseaux, s'ils ne peuvent voler, courent du moins avec une rapidité extrême ; aucun cheval ne saurait les atteindre. Les autruches vivent par bandes nombreuses en Afrique et en Arabie, dans les lieux sauvages, près des déserts. Les autruches font leur nid dans le sable ; c'est un creux arrondi, large comme une table ronde ordinaire. Elles y couvent leurs œufs, qui ont 12 à 15 centimètres de

L'aptéryx.

longueur et pèsent 1 kilogramme et demi. Un seul suffit au repas de plusieurs personnes.

Les *nandous*, qui vivent dans les plaines herbeuses de l'Amérique méridionale, diffèrent peu des autruches ; ils sont de taille plus petite et ont trois doigts à chaque pied.

Les *casoars* sont plus gros, plus bas sur leurs pattes ; leurs ailes et leur queue n'ont que des plumes courtes, inutiles pour le vol. Ils vivent en Océanie. Enfin les *aptéryx*, totalement dépourvus de grandes plumes aux ailes, n'ayant pas de queue, ont les pattes courtes et fortes, le bec très-long, et ne sont pas plus gros que des poules. Ils habitent la Nouvelle-Zélande (Océanie).

L'AUTRUCHE.

XLIX. — LE COQ ET LA POULE

Classe des OISEAUX. Ordre des GALLINACÉS.

Le Coq est certes un bel oiseau, avec son riche plumage, sa crête rouge, son air fier et sa voix éclatante. Voyez-le, comme il secoue ses ailes, comme il se redresse et marche la tête haute ! Vous observerez les *barbillons* de chair rouge semblables à sa crête, qui pendent sous sa gorge ; les belles plumes flottantes de sa queue, l'aigrette de plumes qu'il porte parfois sur la tête ; ses pattes robustes, et l'*éperon*, comme un ongle aigu et recourbé, dont elles sont munies en arrière : c'est son arme naturelle. Le coq est courageux et vigilant, mais querelleur, batailleur sans raison ni trêve. Deux coqs se rencontrent-ils, à peine se sont-ils aperçus que déjà ils hérissent les plumes de leur cou, secouent la tête avec colère, et se précipitent l'un sur l'autre ; puis du bec, de l'éperon, cherchent à se déchirer, jusqu'à ce que l'un d'eux, vaincu, prenne la fuite. D'une cour à l'autre ils se lancent, par-dessus les murs, des *cocorico* retentissants, comme autant de provocations furibondes. — La poule est d'un tempérament plus pacifique. Plus petite que le coq, elle est plus simplement vêtue ; elle n'a pas les belles plumes flottantes de la queue et de l'aigrette du coq ; sa crête est plus petite, ses éperons courts et émoussés : souvent elle en est complétement dépourvue. A l'état sauvage, le coq et la poule volent mal et lourdement ; à l'état domestique, ils ne volent presque plus, à moins qu'on ne les poursuive, et alors même ils ont grand'peine à s'élever de terre. Le coq et la poule, comme tous les oiseaux de l'ordre auquel ils ont donné leur nom (l'ordre des *gallinacés*, du latin *gallus*, coq), se nourrissent de graines, d'insectes et de vermisseaux. Autour des fermes, dans les cours et les champs, vous pourriez voir la troupe des poulettes, le coq en tête, errer picorant les grains, grattant la terre pour découvrir des vermisseaux. — Mais le spectacle est vraiment intéressant quand la poule conduit sa couvée.

Poule commune.

Les poules pondent chaque jour un œuf pendant une quinzaine de jours de suite. Elles ne font point de nid ; elles cachent seulement leurs œufs à terre, sur la paille ou l'herbe sèche, en quelque coin écarté de la grange ou de la cour. Il vaut mieux offrir à la couveuse un panier rempli de paille. Lorsqu'elle a réuni une quinzaine d'œufs, la poule les couve assidûment pendant vingt et un jours. Alors les petits brisent la coquille. A peine sortis de l'œuf, les poussins, déjà couverts de plumes, peuvent courir, manger seuls ; il n'est pas nécessaire que leur mère leur donne la becquée : mais elle les conduit partout avec elle, les surveille et les protège, les abrite sous ses ailes étendues ; elle leur apprend à chercher les graines et les vermisseaux, gratte la terre pour eux, et les appelle de ses *gloussements*, pour qu'ils viennent manger ce qu'elle a découvert. Les poussins, *pipiant*, courant et se trémoussant, suivent leur mère et se jouent autour d'elle.

Poule couvant dans un panier.

Il y a plusieurs *races* diverses de coqs et de poules, qui diffèrent surtout par le plumage et sont élevées de préférence dans les pays dont elles portent le nom. On remarque surtout le *coq commun de France*, le coq de *Crèvecœur*, le coq de *la Flèche* et le coq de *Houdan*.

LE COQ, LA POULE ET LES POUSSINS.

L. — LE DINDON

Classe des OISEAUX. Ordre des GALLINACÉS.

Les DINDONS sont les plus gros parmi nos oiseaux de basse-cour. A l'état sauvage, ils vivent en Amérique : lorsqu'on les apporta dans nos pays, ces oiseaux reçurent le nom de *coqs d'Inde*, parce qu'alors l'Amérique était désignée sous celui d'*Indes occidentales*; d'où, par abréviation, les noms de *dinde* et de *dindon*. Les dindons sauvages habitent les forêts sur les bords des grands fleuves de l'Amérique du Nord.

Ils vivent de graines, de vermisseaux, comme presque tous les oiseaux de l'ordre des *gallinacés*; ils volent peu et lourdement, mais ils courent avec rapidité. Leur plumage est d'un beau brun noir, luisant et tacheté. Leur tête est petite, leur cou long; leurs pattes longues et fortes sont armées d'un *éperon* comme celles du coq. Mais ce que cet oiseau a de plus remarquable, c'est une sorte de crête pendante qu'il porte sur le bec, et des plis de peau nue et rosée qui pendent sur son cou et sous sa gorge. Sur sa poitrine retombe en outre un gros bouquet de poils, en forme de queue de renard... Quand l'animal est irrité, cet ornement bizarre de son cou et de sa gorge s'enfle, s'allonge et devient rouge sang. L'oiseau pousse alors des gloussements entrecoupés. La *poule d'Inde* est moins grosse que le coq; elle couve ses œufs à terre, comme la poule, dans une sorte de nid légèrement creusé et garni d'herbes sèches; elle mène et protège ses petits dindonneaux lorsqu'ils sont éclos, comme la poule conduit ses poussins. Ces oiseaux, à certaines époques de l'année, voyagent en troupes nombreuses à travers les prairies; la nuit ils se retirent dans les bois et se perchent sur les arbres.

Le dindon apprivoisé montre très-peu d'intelligence; moins batailleur que le coq, il est cependant très-irritable; la seule vue d'un objet rouge surtout le met en fureur. Souvent, quand on le regarde, il se dresse sur ses pieds, secoue et gonfle toutes ses plumes, entr'ouvrant ses ailes, et étalant en éventail les plumes de sa queue : on dit alors qu'il *fait la roue*. On croirait qu'il se plaît à montrer ses belles plumes luisantes. Dans nos pays, les petits dindonneaux sont plus difficiles à élever que les poussins; ils souffrent du froid, de l'humidité : il faut en prendre grand soin, sinon ils périssent. Il y a des dindons domestiques blancs, d'autres noirs; d'autres enfin sont bruns comme les dindons sauvages.

Dindon faisant la roue.

La PINTADE, autre gallinacé, vit souvent près du dindon dans nos basses-cours. Figurez-vous une belle grosse poule grise, sur laquelle il aurait neigé.... vous avez une idée de la pintade. Cet oiseau, un peu plus gros que la poule ordinaire, a la tête petite, le bec court; une peau épaisse figure sur sa tête une sorte de capuchon ou de casque, avec une crête redressée et des *barbillons* pendants, semblables à ceux du coq. Sa queue et ses ailes sont courtes; ses pattes courtes et sans *ergots*. L'espèce commune a un beau plumage ardoisé, fourni et luisant, tout parsemé de petites taches blanches; d'autres espèces étrangères sont de couleur différente. En Afrique et en Amérique, où ils vivent à l'état sauvage dans les lieux marécageux, ces oiseaux volent peu; à l'état domestique, ils en perdent complétement l'habitude. Ils ont un cri aigu et très-désagréable; ils sont bruyants et querelleurs, du reste très-peu intelligents. Dans les basses-cours on est obligé de leur faire une place à part, sans quoi ils mettraient le désordre parmi la volaille et détruiraient les poussins. Leur chair et leurs œufs font une bonne nourriture.

DINDE SAUVAGE ET SES PETITS.

PINTADE COMMUNE.

PINTADE AMÉRICAINE.

LI. — LE PAON

Classe des **Oiseaux**. Ordre des **Gallinacés**.

Le Paon est un oiseau magnifique : tout son plumage brille des plus riches couleurs. Sa tête est d'un beau bleu foncé et ornée d'une *aigrette* de plumes légères, bleues, bordées d'or ; son cou est vert ou bleu, ses ailes bleues avec des taches noires et vertes, à reflets dorés. Mais sa queue est encore plus éblouissante : elle est formée de grandes et belles plumes, luisantes, soyeuses et ornées de larges taches qui figurent comme des yeux. Ces taches sont mêlées de blanc, de noir, de bleu sombre, de vert doré, de brun ; et toutes ces couleurs sont d'une vivacité extrême. Souvent l'animal étend sa queue en forme d'un immense éventail, comme pour mieux étaler la richesse de son plumage : on dit alors qu'il *fait la roue*. Il se regarde, marche à petits pas, se tourne et se retourne ; on dirait qu'il est fier de ses belles plumes et cherche à se faire admirer. Il aime à se percher sur les toits, sur les murs, ou les branches des arbres, le plus haut possible.

Lophophores.

Paon faisant la roue.

Le paon est à peu près de la taille du coq. Son bec est noir, ses pattes noires, grosses, assez laides. Il fait entendre un cri éclatant, rauque et très-désagréable : c'est un animal peu intelligent, sans autre mérite que son brillant plumage. Le mâle seul a cette riche parure ; la *poule* est plus simplement vêtue. Elle pond chaque année huit ou dix œufs, et les couve, comme la poule, dans un nid creusé à terre et garni d'herbe sèche. Les jeunes paons sont gris, de couleur terne. Les paons, comme tous les autres oiseaux de l'ordre des *gallinacés*, se nourrissent de graines, d'herbes, de fruits, de vermisseaux et d'insectes. Leur pays est l'*Inde*, où ils vivent à l'état sauvage. C'est de là que les navigateurs ont apporté ces oiseaux, qui se sont *acclimatés* dans nos pays, et sont devenus des *oiseaux domestiques*, comme le coq, le dindon.

Les Lophophores, oiseaux qui habitent l'Inde, ressemblent au paon par leur forme, leurs habitudes et la beauté de leur plumage ; mais leur queue plus courte ne s'étale pas aussi largement en roue.

LE PAON.

LII. — LES FAISANS

Classe des Oiseaux. Ordre des Gallinacés.

Les Faisans sont de beaux oiseaux appartenant à l'ordre des *Gallinacés*. Ils ressemblent beaucoup au coq, en effet ; ou plutôt encore à la poule, car ils ne portent pas de crête, et ont à peu près la taille de la poule. Mais ils sont remarquables par la beauté de leur plumage, et surtout par leur longue queue. Les *faisans communs* vivent dans les parcs et les bois, les plaines, les marais. Leur plumage est de couleur fauve, luisant, orné de jolies taches brunes et noires. Les *coqs faisans*, c'est-à-dire les mâles, ont le plus beau plumage ; les *poules faisanes* sont plus simplement vêtues. Ces oiseaux se perchent la nuit sur les arbres ; le matin et le soir, ils vont par les plaines et les champs chercher leur nourriture. Réunis en petites troupes, ils courent entre les sillons, ou le long des ruisseaux ; pendant la chaleur du jour, ils se réfugient dans les bois. Comme les autres Gallinacés, ils vivent de graines, de fruits, d'insectes et de vermisseaux, qu'ils déterrent en grattant. Ces oiseaux sont extrêmement sauvages et timides ; au moindre bruit ils se cachent dans les hautes herbes, sous les buissons, ou s'envolent et se perchent sur les arbres. Ils volent lourdement, à grand bruit d'ailes, et cependant très-vite. Les *poules faisanes* nichent à terre, dans un champ,

Faisan doré de la Chine.

ou sous un buisson du bois; elles forment un nid grossier d'herbes sèches. Elles y pondent dix ou douze œufs ; quand les petits sont éclos, la faisane les conduit, les élève, comme la poule élève ses poussins. Il y a d'autres espèces de faisans, plus remarquables encore par leur beauté. Les *faisans dorés* de la Chine ont un admirable plumage : la gorge et le ventre rouge, le dos jaune doré, les ailes bleuâtres, la queue dorée ; ils portent sur le cou un collier de couleur éclatante.

Le *faisan argenté* est d'un blanc bleuâtre, orné de taches et de lignes noires et bleues ; il vit aussi en Asie. Mais le plus beau de tous est le *faisan argus*, dont les ailes et la queue, d'une nuance brune, sont semées d'une multitude de taches rondes en forme d'yeux, de teinte foncée, soyeuses, qui reluisent au soleil comme le métal poli. Deux plumes de la queue, longues et droites, brunes, semées de taches blanches, dépassent de beaucoup toutes les autres. Quand ce bel oiseau *fait la roue*, c'est-à-dire étale en éventail toutes les plumes de ses ailes et de sa queue, comme font le *paon* et le *dindon*, on ne saurait rien imaginer de plus brillant. Mais l'*argus* est farouche ; il vit dans les bois et il est rare qu'on l'aperçoive. Il habite les îles de l'Océanie, entre l'Asie et l'Australie.

LE FAISAN ARGUS.

LIII. — LES PERDRIX

Classe des OISEAUX. Ordre des GALLINACÉS.

Les PERDRIX sont de jolis oiseaux de l'ordre des *gallinacés*, c'est-à-dire des oiseaux voisins du coq et de la poule. La perdrix, en effet, ressemble un peu à une poulette; mais elle est plus petite, plus élégante et plus vive. Elle a le bec aigu et recourbé, les pattes courtes, les ailes et la queue courtes. Les perdrix vivent aux champs, dans les blés, dans les prairies. Elles se nourrissent de grains, de fruits sauvages, de raisins, de vermisseaux et d'insectes; elles grattent la terre et aiment à se rouler dans la poussière. Au printemps, la *poule perdrix* pond douze ou quinze œufs qu'elle couve dans un nid grossier d'herbes sèches, fait à terre entre deux sillons. Puis la mère conduit aux champs sa couvée éclose; on voit les petits perdreaux, tout semblables à des poussins, courir, becqueter, puis se réunir sous les ailes de leur mère comme les petits poulets sous les ailes de la poule. Devenus grands, ils continuent de vivre en famille; ils vont toujours ensemble, et forment ce qu'on appelle une *compagnie*. Les perdrix sont fort timides : au moindre bruit elles s'effrayent; elles courent très-vite, et s'échappent en glissant à travers les blés, sous les buissons. Si elles sont poursuivies, elles s'envolent toutes ensemble. Elles partent à grand bruit d'ailes et volent très-vite, mais lourdement. Elles ne peuvent se soutenir longtemps au vol; bientôt elles s'abattent vers la terre. — Il y a dans nos champs deux espèces de perdrix : les perdrix *grises*, tachetées de roux et de brun, et les perdrix *rouges*, dont le joli plumage brun rougeâtre sur le dos, les ailes et le ventre, blanc sous la gorge, est semé de taches noires.

La caille et ses cailleteaux.

Les COLINS, les FRANCOLINS, ressemblent beaucoup aux perdrix, sauf la couleur du plumage.

Les CAILLES sont de taille plus petite; elles élèvent leurs *cailleteaux* dans nos champs; mais dès l'automne elles quittent nos pays, traversent la mer, et vont passer l'hiver en Afrique, pour revenir au printemps : ce sont des *oiseaux de passage*.

Colin de la Californie.

PERDRIX ET PERDREAUX AUX CHAMPS.

LIV. — LES PIGEONS

Classe des Oiseaux. **Ordre des Gallinacés.**

Les Pigeons sont de jolis oiseaux que l'on a joints à l'ordre des *gallinacés*, quoiqu'ils soient plus petits, plus légers de forme, et n'aient pas les mêmes habitudes que les autres oiseaux de ce groupe. Le *pigeon ramier* vit à l'état sauvage, dans nos champs et nos bois. Son plumage est d'un gris cendré un peu bleuâtre ; une sorte de collier de plumes d'un vert doré entoure son cou, ses ailes sont bordées de blanc et sa queue de noir. Timide et solitaire, il perche sur les plus grands arbres ; il vole avec rapidité. Au printemps, ces oiseaux font sur une haute branche un nid grossier de brindilles entrelacées ; la femelle y couve ses deux petits œufs blancs. Les pigeonneaux éclos sont presque sans plumes, incapables de chercher leur nourriture ; il faut que le père et la mère leur donnent la becquée, comme le font les *passereaux*. Les ramiers se nourrissent de graines, de faînes, de châtaignes, de glands qu'ils récoltent dans les champs ou sous les arbres. Ce sont des oiseaux de passage ; à l'automne ils se réunissent par troupes, et, quittant nos pays, passent en Italie ou en Espagne, où le climat est plus doux et la nourriture plus abondante ; ils nous reviennent au printemps.

Tourterelle.

Les *pigeons bisets* sont un peu plus petits. Ils s'apprivoisent facilement, et deviennent alors des oiseaux domestiques, des pigeons de colombier. Le colombier a ordinairement la forme d'une petite tourelle de pierre ou de bois, dont l'intérieur est divisé en plusieurs chambrettes. Dans chacune se loge un couple de pigeons. Ils s'y réfugient pour la nuit, y font leurs nids. Le jour, ils vont chercher leur nourriture aux environs, dans les champs, les jardins, les cours des fermes. Les pigeons sont fort attachés à leur demeure. Chose étonnante : si on les emporte au loin, et qu'alors on leur rende la liberté, ils savent retrouver le chemin de leur colombier ; et comme ils volent très-rapidement, ils sont bientôt de retour. On a souvent utilisé cet instinct pour leur faire porter des lettres, des messages. — Pendant le siège de Paris, lorsque nos ennemis, entourant la ville, empêchaient toute communication, des pigeons parisiens étaient emportés au loin en ballon. Descendus en province, on leur attachait aux plumes de la queue un tuyau de plume contenant une dépêche roulée ; et ces gentils messagers ailés, revenant vers leur demeure où ils étaient attendus, apportaient aux pauvres assiégés des nouvelles de leurs frères de province.

Pigeon voyageur du siège de Paris, avec sa dépêche.

Les *Tourterelles* sont de même famille que les pigeons, plus petites et plus mignonnes, de couleur gris brun, avec un collier blanc et noir. Leur voix est un petit roucoulement très-doux ; leur manière de vivre est la même que celle des *ramiers*. Elles s'apprivoisent très facilement.

LES PIGEONS.

LV. — LE PIC

Classe des Oiseaux.

Ordre des Grimpeurs.

Les Pics sont des oiseaux *insectivores* de l'ordre des grimpeurs. Ils ont les pattes pourvues d'ongles crochus à l'aide desquels ils grimpent aux troncs des arbres, un bec long et pointu. Le Pic vert, appelé aussi *pivert* par abréviation, est commun dans nos bois. C'est un oiseau fort joli ; sa tête est rouge écarlate au-dessus, noire sur les côtés ; le reste de son plumage est vert, tacheté de brun et de noir sur les grandes plumes de la queue et des ailes. Le pic vert est un oiseau timide et même sauvage ; il habite les bois les plus déserts. C'est un rude travailleur : ce travail, par lequel il faut qu'il gagne sa vie, consiste à saisir sous l'écorce des arbres les *larves* (vermisseaux), les insectes qui rongent le bois. Le pic choisit de préférence les vieux arbres, les troncs demi-pourris, attaqués par les insectes ; il grimpe le long du tronc et des grosses branches, examinant les fentes de l'écorce. De temps en temps il frappe l'arbre du bec, pour voir s'il sonne creux, s'il est rongé en dedans ; peut-être aussi pour effrayer et faire enfuir les insectes qui seraient cachés sous l'écorce, afin de les saisir au passage. S'il le faut, pour atteindre sa proie il creuse le bois à grands coups de son long bec aigu, tranchant comme un ciseau. Puis dans l'ouverture il tire sa langue fine, flexible, très-longue et très-gluante, à laquelle la larve reste accolée. Veut-il faire son nid, c'est un travail tout autre. Il choisit un arbre déjà creusé ; à coups de bec il agrandit le trou ; il perce profondément, dresse les parois, élargit la cavité : ce sera sa petite chambre et celle de sa femelle et de ses enfants. Les œufs sont de couleur grisâtre ; la mère les couve pendant une quinzaine de jours ; les petits éclos, le père et la mère vont et viennent, leur apportant la nourriture : des chenilles, des vermisseaux, des fourmis. Autrefois on reprochait aux pics de faire tort aux arbres et d'en gâter le bois en les perçant de leur bec : mais ces oiseaux n'attaquent que les arbres à demi pourris, rongés déjà, et ils le font justement pour détruire les insectes qui les rongent et qui causent beaucoup de ravages dans les forêts : ce sont donc des oiseaux fort utiles, qu'il faut protéger et non persécuter. Le pic ne chante pas ; il fait seulement entendre un petit cri plaintif, surtout si le temps menace de pluie. On trouve aussi dans nos bois le *pic noir*, dont le plumage est noir excepté sur la tête ; le *pic mar*, agréablement bariolé de diverses couleurs. — Le *torcol* ressemble beaucoup au pic : on lui a donné ce nom pour rappeler la singulière habitude qu'il a de tourner la tête en arrière comme s'il *tordait le col* (le cou). Il a le bec plus court et plus faible que celui du pic ; il vit d'insectes et de vermisseaux, qu'il saisit dans les fentes de l'écorce.

Pic vert cherchant des insectes.

Torcols.

LE PIC CREUSANT SON NID.

LVI. — LE PERROQUET

Classe des Oiseaux. Ordre des Grimpeurs.

Les Perroquets sont de beaux oiseaux étrangers, appartenant à l'ordre des *grimpeurs*. On les reconnaît tout de suite à leur gros vilain bec, court et recourbé ; ils s'en servent fort adroitement pour briser, éplucher les graines, les fruits, les amandes dont ils se nourrissent. Leur cri naturel est perçant et désagréable ; mais ils aiment à imiter tous les bruits, les chants des autres oiseaux, et par dessus tout la voix humaine. Ils parlent,

Perroquet vert.

ils prononcent merveilleusement : ce qui tient sans doute à la forme de leur bec et de leur langue épaisse et molle. Ils ont beaucoup de mémoire et retiennent fort bien ce qu'on leur a appris. Leurs pattes ont deux doigts portés en avant, deux en arrière ; ils s'en servent comme d'une sorte de main, pour porter les fruits à leur bec. Dans les forêts des contrées chaudes qui sont leur patrie, les perroquets volent peu ; mais ils grimpent très-lestement aux arbres en s'aidant de leurs pattes et de leur bec.

Il y a plusieurs espèces de perroquets : les perroquets verts, les perroquets rouges, gris ; ces derniers sont ceux qui parlent le mieux.

Les *aras* ressemblent fort aux perroquets ; ils sont beaucoup plus gros, et leur plumage est orné de plus belles couleurs ; mais ils ne parlent pas, et font entendre des cris désagréables. Il y a des aras verts, des aras bleus ; il y en a de blancs, de rouges, de noirs. Les *cacatoès*, très-jolis et faciles

Petit cacatoes.

à apprivoiser, portent sur la tête une belle aigrette de plumes, comme un panache flottant.

Plus petites que les perroquets, les perruches parlent moins bien, mais sont plus gentilles ; elles s'apprivoisent facilement, sont douces et caressantes, vives, babillardes. Les perruches vertes sont les plus communes ; mais il y a des espèces dont le plumage est varié de rouge et de bleu. Tous ces oiseaux appartiennent aux contrées chaudes de l'Amérique, de l'Afrique, de l'Asie et de l'Océanie.

Perroquet gris.

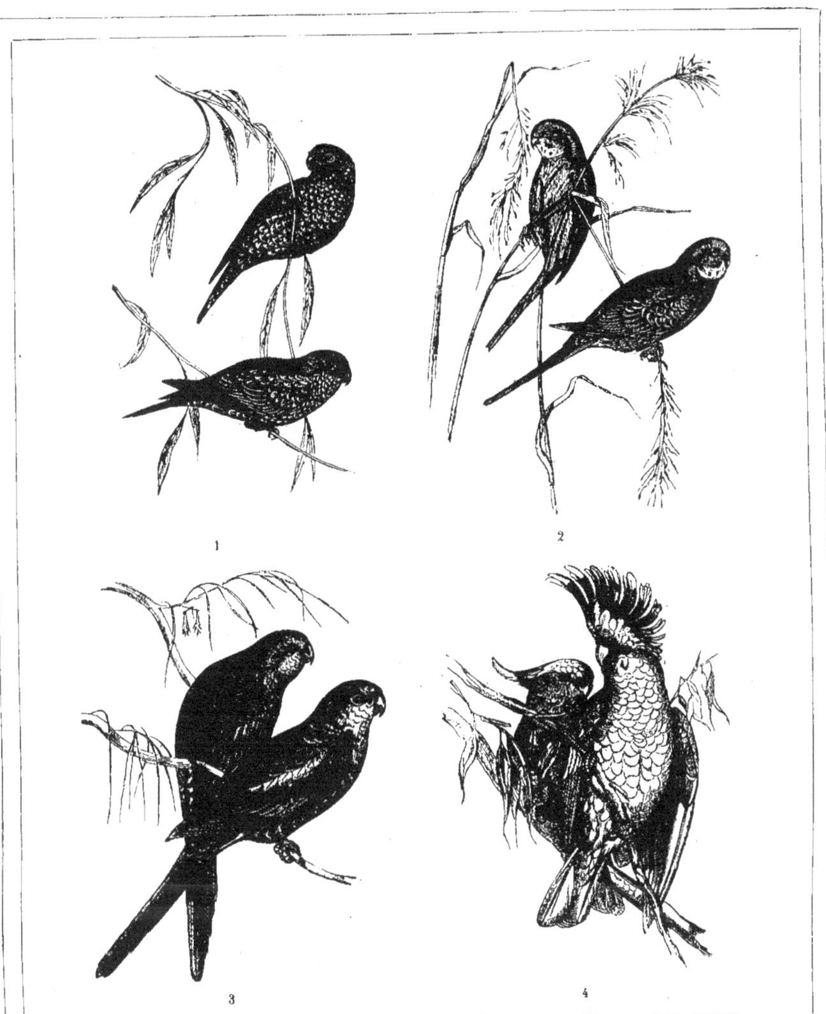

1. PERRUCHES VERTES ET BLEUES. — 2. PERRUCHES A TÊTE GRISE. — 3. PERRUCHES VERTES.
4. CACATOÈS.

LVII. — L'AIGLE

Classe des Oiseaux. — Ordre des Rapaces.

L'Aigle est le plus grand, le plus fort, le plus redoutable des oiseaux de proie. Dressé, il a plus d'un mètre de hauteur ; ses longues ailes étendues couvrent un espace de trois mètres. Il a la tête large, aplatie, un grand bec recourbé et tranchant, les yeux perçants, le cou court et robuste. Ses jambes sont emplumées jusqu'aux doigts ; ses pattes crochues, qu'on nomme *serres*, sont armées de grands ongles recourbés, aigus, dont il se sert pour déchirer sa proie. Son corps est couvert d'un plumage brun foncé ; ses ailes et sa

Aigle royal.

queue sont brunes. Il vole avec une rapidité extrême, et s'élève dans l'air à perte de vue, au-dessus de nos plus hautes montagnes. L'aigle est un animal vorace et cruel, d'une force terrible. Il se précipite avec violence sur sa proie, la saisit avec ses serres aiguës, l'emporte au loin pour la dévorer. Il enlève ainsi lièvres, agneaux, oies, canards, poulets, chevreaux, chiens ; on a même vu des aigles emporter des enfants. Ce brigand redoutable a sa demeure dans les lieux les plus déserts, dans les montagnes, sur les rochers les plus inaccessibles. Là il fait son *aire*, c'est-à-dire une sorte de nid grossier, plat et non pas creux, large, épais, formé de branches entrelacées. La femelle y couve deux ou trois œufs. Quand les petits sont éclos, le père et la mère vont au loin chercher la proie, l'apportent à leurs *aiglons*, leur apprennent à la déchirer. Ces oiseaux destructeurs causent de grands dommages dans le canton où ils habitent ; leur faire la chasse est chose très difficile et même dangereuse, car ils se défendent courageusement de leurs serres et de leur bec terrible. L'aigle de la grande espèce est appelé

Aigle harpie.

aigle royal. L'*aigle harpie*, plus grand encore et extrêmement féroce, porte sur la tête une sorte de couronne de plumes étalées en éventail ; il habite l'Amérique. L'*aigle criard*, plus petit, l'aigle *Jean-le-Blanc* sont communs en France, dans les régions montagneuses. Enfin les *pygargues* ou *aigles pêcheurs*, et les *balbusards* vivent surtout de poissons ; ils se tiennent au bord des lacs et des étangs. Tous ces oiseaux pillards appartiennent au groupe des *rapaces diurnes*, c'est-à-dire des rapaces poursuivant leur proie le jour, et non la nuit comme les chouettes et les hiboux.

LE VOL DE L'AIGLE.

LVIII. — LE FAUCON

Classe des Oiseaux. Ordre des Rapaces.

Les Faucons et autres *rapaces* de la même famille sont des brigands plus petits et moins redoutables que les aigles, mais non moins voraces et cruels. Toutes ces bêtes de proie ont le bec énorme, tranchant et crochu, les pattes terminées par de fortes *serres*, des ongles aigus pour déchirer leur proie. Leur tête est toujours aplatie, leurs yeux hagards et perçants. Ils sont très-peu intelligents, et il est difficile de les apprivoiser complètement. Le *faucon pèlerin* est d'assez grande taille, très-fort et très-vorace. Il est de couleur fauve brunâtre sur le dos et les ailes, blanchâtre et tacheté de brun sur la tête, la gorge et le ventre. Ses pattes mêmes sont presque couvertes par les plumes. Cet oiseau vole avec une rapidité extrême, et s'élève très-haut dans l'air. Il fait sa proie de canards, de poulets, de pigeons, de perdrix, de lièvres, de lapins, et autres animaux sans défense ; souvent aussi de petits oiseaux. — C'est un pillard redoutable, et qui cause de grands dommages ; un oiseau farouche, hardi pourtant, et qui ose poursuivre nos poulets ou nos pigeons jusque dans les cours de la ferme ou les rues de la ville. Le faucon pèlerin fait son nid dans un lieu désert, dans quelque trou de rocher inaccessible. C'est une sorte d'aire, c'est-à-dire un nid presque plat, grossièrement façonné avec des brindilles de bois, du feuillage. La femelle y couve ses œufs ; le mâle apporte la proie pour elle et pour ses petits lorsqu'ils sont éclos. Cet oiseau est commun en Normandie. — Le *faucon hobereau* est de plus petite taille ; la *crécerelle*, qui aime à faire son aire dans les vieux châteaux en ruine, est de couleur plus pâle. L'*émérillon*, le plus petit des oiseaux de proie de notre pays, est à peine de la grosseur d'une pie. Les *autours* diffèrent peu des faucons : leurs ailes sont plus courtes et leur vol moins rapide. Ils sont rusés et cruels. Leurs ailes et leur queue sont brunes et tachetées ; ils ont la tête, la gorge et le ventre grisâtre, sillonnés de raies foncées disposées en travers. Ces oiseaux habitent surtout dans les pays de montagnes, quelquefois dans les grandes forêts. Ils font leurs nids sur des rochers élevés. Ils sont d'un naturel indomptable ; on ne saurait les apprivoiser. L'*épervier*, plus petit de taille, a les mêmes habitudes

Le faucon pèlerin.

Le milan.

Son plumage est d'un blanc grisâtre, tacheté de fauve. Il n'est pas rare de le voir, dans nos champs, planer dans l'air, guettant sa proie. Les pauvres petits oiseaux, pris de frayeur, se jettent à terre, et cherchent à se cacher parmi les herbes ou sous les buissons. Mais parfois aussi ces petits reprennent courage, s'appellent, se réunissent en grand nombre, poursuivent, harcèlent de leurs cris la bête cruelle, l'étourdissent de leur colère, et finissent par la mettre en fuite. Les *milans*, les *buses* et les *busards* sont, comme les faucons et les vautours, des rapaces *diurnes*, c'est-à-dire poursuivant leur proie le jour, par opposition aux rapaces *nocturnes*, qui font leurs chasses la nuit.

L'AUTOUR ET SON NID.

LIX. — LES VAUTOURS

Classe des Oiseaux. Ordre des Rapaces.

Les Vautours appartiennent à l'ordre des *rapaces*; ce sont, en effet, des *oiseaux de proie*, mais ils vivent de chair morte, et non de proie vivante. Ils se nourrissent de cadavres, de débris de toute sorte, à demi corrompus. De très-loin ils voient ou sentent le corps gisant d'un animal; ils arrivent en grand nombre : de leurs becs crochus ils déchirent, tranchent les chairs; en peu de temps il ne reste plus que les os, fort bien nettoyés... On a quelquefois comparé les vautours, laids et *ignobles*, mangeant la chair corrompue, avec l'aigle, le faucon et autres oiseaux de proie qu'on disait *nobles*, courageux, dédaignant la proie morte... la différence est grande, en effet. Les aigles, les faucons tuent, déchirent les animaux vivants, de pauvres bêtes sans défense; ils *détruisent la vie :* ce sont des meurtriers. Les vautours font disparaître les *débris de la mort :* ce sont des *expurgateurs* (nettoyeurs). Les vautours sont, il est vrai, d'une voracité effrayante; mais cette voracité, qui nous dégoûte, est un grand avantage pour les autres animaux et les hommes surtout, dans les pays chauds où toute chose se corrompt si vite. Que deviendraient le corps de l'animal mort, les restes des festins des lions et des tigres? Ils pourriraient sur la terre, ils infecteraient l'air et causeraient peut-être des pestes. Les vautours et autres oiseaux de proie de même famille viennent et, rapidement, proprement, font disparaître la cause d'infection. C'est donc avec raison qu'en Asie, en Afrique, dans les contrées chaudes de l'Amérique, on protège ces utiles oiseaux. Les *vautours fauves* sont de grande taille; leur plumage est fauve et brun; ils ont la tête et le cou nus, au bas du cou une sorte de collier épais de fin duvet blanc. Leurs ailes sont larges, et pourtant ils volent lourdement. Leur grand bec est crochu et tranchant, mais leurs *serres* sont faibles, parce qu'ils n'ont pas besoin de saisir, d'arrêter la proie vivante. Ils font leurs *aires*, sortes de nids plats grossièrement construits de branches entrelacées, sur les rochers inaccessibles et dans les endroits les plus déserts.

Grand vautour fauve.

Catharte urubu.

Les *condors*, de taille plus grande encore, habitent les pays montagneux de l'Amérique du Sud; ils volent très-haut, sont d'une force inouïe, audacieux, féroces, extrêmement voraces. Ils ont le plumage d'un noir bleu, leur collier de plumes d'un blanc éclatant. Les *cathartes*, petits vautours au bec non recourbé, sont très-communs en Amérique; malgré le dégoût qu'ils causent, on ne les chasse pas; loin de là, il est sévèrement défendu de les tuer. — Ils n'attaquent du reste jamais personne.

LES CONDORS.

LX. — LE HIBOU

Classe des Oiseaux. Ordre des Rapaces.

Deux heures après le coucher du soleil, quand il commence à faire sombre, les *oiseaux de nuit* sortent de leurs trous et commencent leur chasse. Ce sont les *chouettes*, les *effraies*, les *hiboux*. Tous ces animaux appartiennent à l'ordre des *rapaces*, c'est-à-dire des *oiseaux de proie*. Ils forment la famille des *rapaces nocturnes* (de la nuit). Ils ont comme les *rapaces diurnes* (oiseaux de proie du jour) un gros bec crochu, des serres, c'est-à-dire de grands ongles recourbés à leurs pattes velues. Leur plumage est de couleur brune ou fauve, leur corps tout couvert d'un épais et chaud duvet qui les protège contre la fraîcheur de la nuit. Leurs ailes

Chouette. Effraie.

Hiboux petits ducs.

aussi sont garnies, comme ouatées de plumes moelleuses, de telle sorte qu'ils volent sans bruit. Autour de leurs yeux un cercle de plumes rangées en éventail forme ce qu'on appelle leur *disque facial.* Tous voient clair dans la nuit; leurs gros yeux ronds, qui brillent dans l'ombre comme les yeux du chat, sont tellement sensibles à la lumière qu'un jour un peu clair les aveugle, les éblouit, comme les rayons trop ardents du soleil éblouissent nos yeux. Ainsi organisés, il est bien naturel qu'ils évitent le jour, aiment la nuit, et plus encore la clarté blanche et douce de la lune.

Le *hibou commun* ou *moyen duc* a la taille d'une poulette; son plumage est brun, tacheté de marques noires. Sur sa tête deux petites aigrettes de plumes figurent comme deux oreilles. Le hibou fait son nid dans les trous des rochers ou des murailles en ruines. Il y dort le jour; la nuit il va cherchant sa proie, pour lui et pour ses petits. Il vit de rats, de souris, de mulots, de taupes. Il y a des hiboux de grande espèce qu'on nomme *grands ducs;* d'autres de très-petite taille sont appelés *petits ducs.*

Les *chouettes* et les *effraies* ressemblent beaucoup aux hiboux, mais elles ne portent pas d'aigrettes. Les chouettes sont grises, brunes ou blanches. Les effraies ont le plumage fauve tacheté, blanchâtre sous le ventre, extrêmement doux et soyeux. Tous ces oiseaux ont la même manière de vivre, la même physionomie triste et bizarre; ils sont timides et farouches, et pourtant il n'est pas difficile de les apprivoiser.

Certaines personnes superstitieuses ont une grande frayeur de ces oiseaux de nuit : elles croient que leur cri *annonce des malheurs!* D'autres poursuivent, tuent, tourmentent cruellement ces animaux inoffensifs. C'est une grande injustice et en même temps un grand dommage : car ces oiseaux, loin de nous être funestes, nous sont fort utiles, en débarrassant le pays d'une foule de *rongeurs* nuisibles qui dévorent nos récoltes. Il faut donc se donner garde de les détruire, mais les protéger au contraire, et les accueillir comme des alliés et des défenseurs.

UNE FAMILLE DE HIBOUX, AU CLAIR DE LUNE.

LXI. — LES CORBEAUX

Classe des Oiseaux. Ordre des Passereaux.

Les oiseaux de la famille des Corbeaux sont farouches et voraces, mais intelligents et avisés. Ce sont les plus grands dans l'ordre des *passereaux*, et ils se rapprochent quelque peu des oiseaux de proie par leur manière de vivre. Les *corbeaux* communs ont le plumage d'un beau noir luisant, le bec noir, pattes et ailes vigoureuses, yeux perçants. On les voit voler par troupes dans les champs, s'appelant les uns les autres par des *croassements* rauques. Tout leur est bon : graines, insectes, vermisseaux; ils sont aussi carnivores et font la guerre aux mulots et aux rats des champs; ils dévorent même parfois les petits oiseaux, les perdreaux, les poussins. Ils se repaissent volontiers de chair demi-corrompue; et si quelque animal tué est resté gisant sur le sol, ils le sentent de très-loin, viennent en grand nombre, et font disparaître le cadavre. En somme, ils sont plus utiles que nuisibles. Les corbeaux font leurs nids sur les hautes branches des arbres les plus élevés, de préférence encore dans les trous des murailles en ruine. On les voit le soir se rassembler sur les vieilles tours, sur les clochers des vieilles églises, voleter en tournoyant et poussant leurs croassements lugubres. Ils passent la nuit à l'abri dans quelque coin ; et dès le matin, s'appelant à grands cris, ils s'envolent au loin pour faire leur chasse dans la campagne.

Ces oiseaux ont la manie étrange de s'emparer de tout ce qui brille, de dérober des bijoux, des objets d'or et d'argent, de verre, etc., pour les porter à leur nid ou les cacher dans les trous. Défiants et rusés, ils ne se laissent pas facilement approcher. Ils sont pourtant faciles à apprivoiser, et alors ils deviennent très-familiers, affectueux même. On peut leur apprendre à prononcer quelques mots, comme aux perroquets. On cite souvent l'amusante histoire de ce chasseur maladroit, qui ayant tiré sur un corbeau apprivoisé, perché sur un arbre, et l'ayant manqué, fut tout effrayé d'entendre l'animal lui crier : *Imbécile!* — Il y a plusieurs espèces de corbeaux : le *grand corbeau* noir, la *corneille*, noire aussi, plus petite; les corbeaux *freux* et les *choucas* sont les plus communs. — Ils ont tous à peu près les mêmes habitudes.

Le grand corbeau noir.

Les *pies* ressemblent beaucoup aux corbeaux, mais elles sont de plus petite taille. Leur plumage noir et blanc est plus gai. Elles se font au haut des grands arbres un nid de branches entrelacées, habilement construit et couvert d'une sorte de toit — Elles vivent de graines, de vermisseaux, d'insectes, de mulots; mais elles n'épargnent pas les petits oiseaux, les perdreaux même et les petits lapins. Elles font parfois de grands ravages dans les champs cultivés. La pie est un oiseau pillard, qui se plaît à dérober, comme le corbeau, tout objet brillant : elle est avisée, mais turbulente, babillarde, importune, querelleuse et effrontée. Les pies s'apprivoisent très-facilement et peuvent prononcer quelques mots. — Les *geais*, au joli plumage, varié de gris, de noir et de bleu, sont de plus petite taille encore que les pies, moins pillards; ils vivent de graines et de fruits, d'insectes, de vers. Ils habitent les bois et les taillis. Faciles à apprivoiser, ils apprennent à *parler*, comme les pies et les corbeaux.

UN NID DE PIE.

LXII. — LES COLIBRIS

Classe des OISEAUX. Ordre des PASSEREAUX.

Les plus petits, les plus légers, les plus mignons de tous les oiseaux, ce sont les COLIBRIS, aussi appelés *oiseaux-mouches*. Ils ne sont pas, en effet, beaucoup plus gros que de gros bourdons... Rien n'est plus joli que ce petit bijou d'oiseau : ses ailes, tout son corps brille des plus vives couleurs. Il va, vient, voltige, léger comme un papillon ; ses ailes font entendre un petit bourdonnement joyeux. S'il passe dans un rayon de soleil, son plumage étincelle comme le rubis ; s'il se pose sur les fleurs, on le prendrait lui-même pour une fleur.

Le colibri se fait un nid, un joli nid, suspendu à un léger rameau, ou même à une feuille pendante. Ce nid ressemble à une coquille de noix creusée ; il est lié à la branche à l'aide de fibres

Colibris suçant le miel des fleurs.

soyeuses entortillées, tapissé de mousse à l'extérieur, et à l'intérieur, de duvet moelleux. Là, la mère couve ses deux petits œufs blancs, gros comme des grains de blé. — Le colibri se nourrit de très-petits insectes qu'il saisit au vol, et du miel des fleurs qu'il sait, à l'aide de son bec long et effilé, de sa langue déliée et fourchue, sucer au fond des calices. Lorsque ses petits sont éclos, on le voit voltiger sans cesse du nid aux fleurs et des fleurs au nid, pour leur apporter la becquée emmiellée qu'il a recueillie. Le colibri ne chante pas ; il n'a pas de voix : il fait à peine entendre un petit gazouillis confus et joyeux.

Il y a plusieurs espèces de *colibris*, différents de plumage et de taille. Tous vivent dans les pays chauds de l'Amérique ; un climat comme le nôtre serait trop rude pour eux, si frêles ; le moindre froid les fait périr.

UN NID DE COLIBRIS.

LXIII. — L'OISEAU DE PARADIS

Classe des OISEAUX. — Ordre des PASSEREAUX.

L'OISEAU DE PARADIS appartient à l'ordre des *passereaux*; il est à peu près de la taille du merle. Cet oiseau magnifique a le corps orné d'un plumage rouge feu, le corps et la tête de couleur orangée, le ventre blanc soyeux ; sous la gorge une collerette d'un vert resplendissant, des taches bleu foncé sous les yeux; sous ses ailes sortent des gerbes touffues de plumes fines, légères, soyeuses, retombantes, que l'oiseau étale en éventail, ou ramasse à son gré. Ces panaches brillent des plus vives couleurs : rouge, orangé, jaune d'or ; deux longues plumes gracieusement

Le maucode.

recourbées dépassent la queue. Lorsqu'il est perché, toutes ses belles plumes retombent en franges flottantes ; s'il vole, tout son corps semble enveloppé d'un nuage doré. L'oiseau de paradis est assez rare : il ne vit que dans un petit nombre d'îles de l'Océanie. Il habite les bois les plus déserts; il est extrêmement timide, et il est fort difficile de l'approcher; au moindre bruit il s'envole à tire-d'aile ou se cache sous le feuillage. Ces oiseaux si craintifs sont cependant fort sociables entre eux; on les rencontre souvent en troupes nombreuses, voyageant à travers prés et forêts, s'abattant le jour pour chercher leur nourriture sur les buissons, et se perchant la nuit, pour dormir, sur les hautes branches. Ils vivent de graines, de fruits, d'insectes. Ils se posent rarement à terre, et marchent avec difficulté, parce que leurs longues touffes de plumes traînant sur le sol embarrassent leurs mouvements ; mais ils volent avec légèreté et vitesse, se plaisent à planer haut dans l'air et à construire leurs nids à la cime des arbres les plus élevés. Il y a plusieurs espèces d'oiseaux de paradis, qui diffèrent plus ou moins par les teintes de leur plumage de l'espèce la plus connue que nous venons de décrire : tous sont magnifiques; mais ils ne chantent pas — on ne peut pas tout avoir.

Dans les mêmes îles on trouve encore plusieurs autres oiseaux de même famille, qui par leur forme et leur beauté se rapprochent beaucoup des

Le sifflet.

paradisiers. Le *maucode* a les touffes de plumes des ailes plus courtes ; sa queue est ornée de deux longues plumes recourbées en crochet à leur extrémité. Le *sifflet*, ainsi appelé à cause du son aigu de sa voix, a la gorge ornée d'un brillant plastron de plumes dorées; d'autres, plus longues, légères et frisées, sortent en dessous de ses ailes, se redressent et remontent de chaque côté en forme de houppes ou de panaches ; enfin sa tête porte, au lieu d'aigrette, six longues plumes, comme des filets extrêmement légers et déliés, terminées par un bouquet de barbes soyeuses, qui retombent des deux côtés, et se balancent gracieusement à chaque mouvement de l'oiseau. Les sauvages habitants de ces îles font la chasse à ces beaux oiseaux, et les tuent, — ce qui est bien dommage, — pour vendre leurs belles plumes.

L'OISEAU DE PARADIS.

LXIV. — LES HIRONDELLES

Classe des Oiseaux. Ordre des Passereaux.

L'Hirondelle a le corps fluet, le cou court, le bec aigu et robuste, les pattes petites et faibles ; ses ailes sont longues et effilées, sa queue fourchue. Elle a la tête, le dos, les ailes et la queue noirs ; le ventre blanc. De tous nos passereaux, c'est elle qui a le vol le plus léger : elle se pose rarement et ne paraît jamais lassée. L'hirondelle vole en tournoyant sans cesse, tantôt haut dans l'air, tantôt près de terre, ou rasant de l'aile l'eau des rivières et des étangs. En voltigeant ainsi, elle

Hirondelle de rivage.

chasse : elle poursuit, elle happe au passage, sans s'arrêter, les petits insectes ailés dont elle fait sa nourriture. Elle bâtit son nid de terre qu'elle va chercher, détrempe et maçonne avec son bec ; puis elle garnit l'intérieur de mousse et de duvet. La gentille hirondelle de fenêtre, si peu farouche, vient maçonner son nid à l'angle d'une fenêtre ou sous le bord du toit. L'hirondelle de cheminée, un peu plus sauvage, bâtit le sien au haut des cheminées ; l'hirondelle de rivage, le long des rivières, sous les ponts. Le *martinet*, tout noir, niche dans les trous des murailles. Les hirondelles d'Afrique font des nids en forme de bouteilles, accolés aux rochers. Dans le nid la femelle a pondu quatre ou cinq petits œufs; et pendant qu'elle couve, le mâle lui apporte sa nourriture. Quand les petits sont éclos, on voit le père et la mère aller et venir sans cesse autour du nid, apportant dans les petits becs ouverts des insectes, des vermisseaux. Les hirondelles ne chantent pas ; mais elles jasent joyeusement comme si elles se parlaient. Dès que l'hiver approche, vers le mois

Hirondelle de fenêtre et son nid.

d'octobre, elles se réunissent en troupes sur les toits; puis toutes partent pour un long voyage. Elles s'en vont dans les pays plus chauds, où elles trouveront des insectes pour se nourrir : en Grèce, en Palestine, en Afrique. Au printemps, les hirondelles nous reviennent; chacune sait retrouver son chemin et reconnaître son ancien nid.

Ces jolis oiseaux, en détruisant par milliers les insectes nuisibles à nos récoltes, nous rendent un grand service; ce serait donc une folie en même temps qu'une cruauté de les tuer ou de ravir leurs petits, de détruire leurs jolis nids.

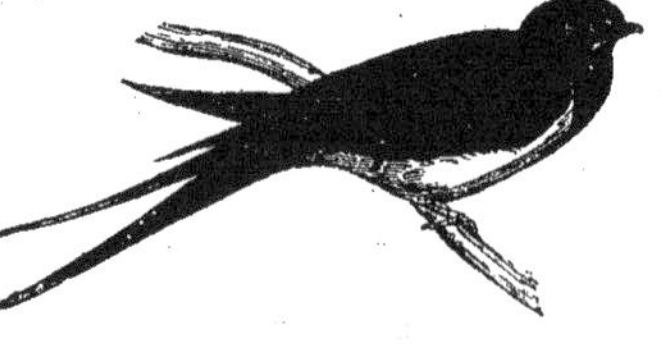

Hirondelle de cheminée.

LES HIRONDELLES.

LXV. — LES MOINEAUX

Classe des Oiseaux. Ordre des Passereaux.

Voici de légers et gentils oiseaux, de l'ordre des *passereaux*, de la joyeuse famille des Moineaux. Les oiseaux de cette famille se font reconnaître à leur bec fort et court, large à la base, pointu au bout. C'est d'abord le *moineau franc*, familier, vif, sautillant et babillard, si commun dans nos pays. Le moineau n'a pas le plumage de couleur éclatante : il est d'un gris brun assez terne. Il ne chante pas, et fait entendre seulement un petit cri d'appel, perçant et joyeux. Il est aimable seulement par sa vivacité. Il aime à se tenir près de nous, dans les villes mêmes, dans nos rues; il vient chercher les miettes de pain semées devant la porte ou sur l'appui de la fenêtre ; mais il ne se laisse pas approcher. Les moineaux font leurs nids dans les arbres, ou sous le bord

Le moineau franc.

des toits, dans les trous des vieilles murailles. Ces oiseaux, très-nombreux, font bien quelques dégâts dans nos champs, nos vignes et nos jardins, en becquetant les fruits, les raisins, les épis ; mais ce dommage n'est rien en comparaison du service qu'ils nous rendent en dévorant des milliers d'insectes nuisibles, qui, s'ils n'étaient pas détruits, finiraient par dévaster toutes nos récoltes. Quand ils ont des petits, pour les nourrir le père et la mère apportent chaque jour au nid plus de deux cents insectes, mouches importunes, chenilles voraces. Il faut donc protéger ces utiles oiseaux, et se donner garde de toucher à leurs nids.

Le *bouvreuil* (2) est plus joli; son plumage est orné de vives couleurs : noir ou gris, tacheté sur la tête, les ailes, la queue et le ventre, gris sur le dos. Son bec est court et très-fort. Cet oiseau est peu sauvage, il s'apprivoise facilement. Il fait entendre un gentil ramage. Le *tarin* (4) ressemble beaucoup au bouvreuil commun.

Le *pinson* a le dessus de la tête noir, la gorge rougeâtre, les ailes parsemées de taches blanches, des taches vertes sur les plumes de la queue. C'est un chanteur infatigable. Il a la voix très-forte et très-claire; ses petites roulades sont fort agréables, toujours gaies. Il s'égosille à chanter pendant des heures entières, parfois jusqu'à s'épuiser, presque jusqu'à en mourir... Il vit de graines sauvages, et surtout d'insectes. Le nid du pinson est admirablement construit : fait de brindilles et de mousses vertes et grises au dehors, il est moelleusement garni au dedans de laine, de crins, de plumes, de ouate, que le gentil animal vient dérober jusque dans nos maisons. Les *linottes* (1) chantent aussi fort bien ; gentils oiseaux, très-légers et très-gais, un peu étourdis, elles font leurs nids dans les arbres de nos jar-

Le serin des Canaries.

dins. Mais le plus gracieux de toute cette famille, c'est le *chardonneret* (3). Celui-ci a un charmant plumage. Sa tête est d'un beau rouge, son dos brun; ses ailes ont de larges taches jaune doré : le tout varié de jolies taches blanches et noires. Il chante aussi joyeusement que le pinson : vif, léger, il ne tient pas en place; il voltige d'une branche à l'autre, pour le plaisir de voler, comme les enfants courent pour le plaisir de courir. On peut l'apprivoiser facilement. Il se nourrit d'insectes et de graines sauvages; il aime surtout les graines du chardon : ce qui lui a fait donner son nom de *chardonneret*. — Les *serins* enfin, au joli plumage jaune clair, ces petits chanteurs que nous élevons en cage, sont tout à fait voisins des *chardonnerets* : mêmes gentillesses, mêmes chansons, même manière de vivre. Mais les serins *jaune clair* sont des oiseaux étrangers, appartenant aux climats chauds; ils viennent des îles *Canaries*. Ils ne peuvent vivre dans nos bois et nos jardins, notre climat étant trop froid pour eux.

LINOTTES, BOUVREUILS, CHARDONNERETS ET TARINS.

LXVI. — LE ROSSIGNOL

Classe des OISEAUX. Ordre des PASSEREAUX.

« Le ROSSIGNOL est le meilleur chanteur parmi « nos oiseaux des bois; sa voix est très-forte et « s'entend au loin; et tandis que les autres oi- « seaux ont toujours le même chant et répètent

Fauvette à tête noire

« sans se lasser le même petit refrain, le rossi- « gnol, lui, sait varier sans cesse sa chanson, « tantôt vive, éclatante, joyeuse, tantôt plus douce, « plus lente, presque triste. Le rossignol chante « de préférence le soir et « même pendant la nuit, « quelquefois jusqu'au ma- « tin. Le petit chanteur est « un peu sauvage; il se « plaît dans les bois, loin « des maisons; il aime « surtout les grands arbres « qui ombragent les ruis- « seaux. Si l'on s'approche « de trop près, si l'on fait « trop de bruit, il se tait: « il se cache sous le feuil- « lage ou s'envole. Le ros- « signol est petit, frêle, il « n'a pas un brillant plu- « mage; il est simplement « vêtu et de couleur brune. « Il n'est pas, dit-on, fort « habile à faire son nid: « il ne sait que chanter; « mais quand il chante, tout fait silence pour « écouter. » (*Lectures expliquées.*)

Le rossignol.

Le rossignol a la tête fine, le bec aigu, de petites pattes grêles. Il se nourrit de moucherons, de chenilles, de vermisseaux. Il fait son nid dans les buissons, vers le mois d'avril : c'est alors qu'il chante le mieux. Le rossignol est un oiseau de passage. Vers le mois d'août, il quitte nos bois pour aller passer l'hiver dans des pays plus chauds.

Fauvette des roseaux.

C'est une longue traversée que va faire notre petit voyageur. Du nord de la France il se dirige vers le midi. Il passe les Alpes; il va en Italie, en Grèce, ou bien encore en Palestine, en Égypte. Là il fait chaud, les campagnes sont vertes et les insectes dont il fait sa nourriture bourdonnent par les champs. Voilà un voyage : un voyage de six cents lieues! — Mais dès le mois d'avril il nous revient; il sait reconnaître sa route, retrouver son vieux nid, ses bois familiers.

Le rossignol est de l'ordre des *passereaux*, de la gentille famille des *fauvettes*. Il a pour voisine dans nos champs la *fauvette à tête noire*, qui chante si bien aussi. La *fauvette des roseaux* fait son nid au bord des étangs, parmi les roseaux; la *fauvette des jardins*, moins timide, niche près des maisons. Tous ces charmants petits chanteurs nous rendent de grands services, en détruisant par milliers les insectes nuisibles à nos récoltes; il faut les protéger et respecter leurs nids.

LE CHANT DU ROSSIGNOL.

LXVII. — LES NIDS

De tous les oiseaux, ceux qui savent le mieux construire et mollement ouater leurs nids, ce sont nos gais chanteurs, les petits oiseaux de l'ordre des passereaux. Chacun, suivant son espèce, a son art : les uns sont *maçons*, les autres *tisserands*, *couturiers*... L'*hirondelle* maçonne son nid de terre à l'angle des fenêtres ; les *fauvettes* tressent le leur d'herbes sèches entrelacées ; les *roitelets* foulent des brins de mousse ; les *mésanges* suspendent le leur aux branches, et leurs jolis berceaux se balancent au vent. Certains oiseaux étrangers *cousent* ensemble les bords d'une large feuille pour former une sorte d'entonnoir. Tous, dès le printemps, se mettent à l'œuvre avec ardeur, vont et viennent, apportant des matériaux, la mousse et les herbes sèches pour le dehors, pour le dedans les légers duvets, les plumes tombées, les brins de laine que les brebis laissent aux buissons, le léger coton des plantes, la bourre soyeuse des chardons. Le nid, c'est la petite maison de l'oiseau, son petit lit chaud et doux, le berceau de ses enfants, tout le bonheur, toute la vie de ces petits êtres. — La Loi, sage et humaine, défend de ravir les nids ; elle punit l'écolier cruel qui va détruire ces utiles oiseaux, sans lesquels nos récoltes seraient dévastées par les insectes voraces. — Vous ne vous imaginez pas, enfants, quelle peine, quel désespoir pour le père et la mère, quand on arrache leur nid, quand on prend leurs œufs, leurs petits... Ne dites pas que vous voulez les élever en cage ; pour les faire vivre, il faudrait plus de soins que vous n'en êtes capables ; presque tous ces pauvres captifs périssent misérablement. Ne serait-ce pas plus gentil, dites, d'avoir dans vos champs, près de vos maisons, jusque dans le jardin de l'école, de jolis nids, une foule d'oiseaux libres, confiants et familiers ? Vous les verriez aller et venir, construire leur maisonnette, puis couver leurs œufs, porter à manger à leurs petits, leur apprendre à voler. Mais écoutez plutôt : quand l'été finira, quand tous les jeunes de l'année sauront voler et que les nids seront abandonnés, — alors seulement vous grimperez à l'arbre ; vous vous emparerez de ces fragiles édifices, avec précaution, sans les briser. Vous les apporterez à l'école, où vous les rangerez dans une vitrine ; vous les étiquetterez avec soin, marquant l'espèce à laquelle chacun appartient, le lieu où il a été recueilli ; et vous formerez ainsi peu à peu une charmante et utile *collection de nids des oiseaux du pays.*

Nid de fauvette.

Nid de mésange.

Nid de colibri.

Nid de roitelet.

Nid de merle.

Nid de tarin.

LE NID.

LXVIII. — LA COULEUVRE

Classe des Reptiles. Ordre des Serpents.

Les serpents sont des Reptiles (c'est-à-dire des animaux *rampants*), se traînant sur le ventre et absolument dépourvus de pattes. Ils avancent en glissant, et même avec rapidité, par le mouvement onduleux de leur corps. Leur corps, très-allongé et très-flexible, est couvert d'écailles luisantes qui protègent leur peau. Leur tête aplatie ne laisse pas voir d'oreilles saillantes ; leurs narines sont de simples trous ; leurs yeux, assez petits, sont vifs et perçants ; leur bouche, très-largement fendue, est garnie de petites dents pointues en forme de crochets, leur langue mince et fourchue. Tous ces animaux sont carnivores ; ils ne peuvent broyer leur nourriture, leurs dents n'étant pas disposées convenablement pour cela ; ils doivent avaler leur proie tout entière. Leur peau pouvant s'élargir beaucoup, à la façon d'un sac de caoutchouc, ils ont la propriété vraiment monstrueuse de pouvoir avaler d'une pièce une proie bien plus grosse qu'eux. Mais, par contre, ils ne mangent pas souvent; et leur digestion est extrêmement lente. Pendant qu'ils digèrent, ils sont à demi engourdis, presque immobiles. Le corps des serpents est froid au toucher, ce qu'on exprime en disant que ce sont des animaux à sang froid. Ils font des œufs qu'ils ne couvent pas, et que la chaleur du soleil fait éclore. On divise les serpents en deux groupes : les serpents *venimeux* et les serpents *non venimeux*. Ces derniers ressemblent à la Couleuvre commune dans nos prés humides. La *couleuvre à collier* a jusqu'à un mètre de longueur ; son corps est gris, marqué de taches noires et bleues. C'est un animal inoffensif, qui n'est aucunement venimeux, nullement à craindre. La couleuvre fait sa demeure dans des trous profonds ; elle aime les lieux humides ; elle nage parfaitement, elle monte fort bien aux arbres en s'enroulant vivement autour du tronc ou des branches. Elle se nourrit d'insectes, de limaçons, de lézards, de grenouilles et autres petits animaux. Il est très-facile de l'apprivoiser. Une autre espèce de couleuvre non moins commune, de couleur verte, avec des taches jaunes, a la même manière de vivre, et est tout aussi inoffensive. Mais il ne faut pas confondre ces animaux avec un autre serpent assez commun dans certains départements du midi de la France, et qu'on appelle *couleuvre de Montpellier*, parce qu'on le trouve aux environs de cette ville. Celui-là est venimeux, il faut l'éviter avec soin et le détruire autant que possible.

La couleuvre.

Dans les autres contrées on rencontre un assez grand nombre d'espèces de couleuvres et autres *serpents sans venin;* mais quelques-uns de ces serpents sont de grande taille, et ceux-là sont vraiment à craindre. Les *pythons*, qui vivent dans les régions chaudes de l'Inde et de l'Afrique, sont de taille énorme : ils ont jusqu'à huit ou dix mètres de longueur; ce sont des monstres effrayants et redoutables. Quoiqu'ils n'aient pas de venin, ils font des morsures cruelles. Quand ils se jettent sur une proie, ils l'entourent de leurs replis, la serrent, l'étouffent, la broient avant de l'avaler tout d'une pièce comme font tous les serpents. On les a vus dévorer, des chèvres, des gazelles ; il serait très-dangereux, comme vous le pensez bien, d'avoir affaire à ces énormes *couleuvres*. Les *pythons* ont le corps jaune, tacheté de grandes taches noires ou brunes, qui dessinent comme une sorte de chaîne à larges mailles étendue sur leur dos, de la tête à la queue. Les *boas*, un peu plus petits, sont encore très-redoutables. Leur couleur est fauve ou rosée avec des mouchetures disposées diversement. Ils habitent les forêts de l'Amérique.

RENCONTRE D'UN BOA DANS UN MARAIS DU BRÉSIL.

LXIX. — LA VIPÈRE

Classe des Reptiles. Ordre des Serpents.

Les plus dangereux de tous les animaux sont les serpents venimeux ; il en est un grand nombre d'espèces. Dans notre pays, les seuls serpents venimeux qui soient réellement à craindre sont les Vipères ; malheureusement elles sont fort communes dans certains départements. Il importe donc d'apprendre à distinguer les *vipères* meurtrières des inoffensives *couleuvres*. La vipère commune a de trente à soixante centimètres ; elle est brune ou rousse, grise ou noirâtre ; une grande raie brune marque son dos, et sur sa tête une sorte de tache formée de deux bandes noires figure un V, la première lettre du nom de l'animal. Les couleuvres, ordinairement plus grandes, sont de couleur plus vive, gris tacheté ou vert jaune. De plus, elles n'habitent pas les mêmes lieux : les couleuvres se plaisent dans les prairies humides, au bord des ruisseaux ; les vipères, au contraire, se rencontrent dans les lieux secs, dans les taillis. Elle se cachent presque tout le jour dans des trous, sous la terre ou dans les troncs d'arbres creux ; elles sortent surtout vers le soir. L'hiver, elles s'engourdissent au fond de leurs trous ; et tout ce temps elles restent immobiles, sans manger. Elles se nourrissent de lézards, de grenouilles, de taupes, de rats. La vipère, roulée en spirale, se tient immobile, attendant, guettant sa proie : une souris, un lézard vient-il à passer, elle s'élance d'un bond, mord, tue et dévore.

Tête de la vipère montrant ses crochets venimeux.

Outre ses petites dents, semblables à celles de la couleuvre, la vipère a deux *dents à venin*, qu'elle peut coucher ou redresser, et qu'on appelle ses *crochets* venimeux. Ces crochets sont longs, aigus, recourbés ; ils sont creux à l'intérieur. Dans la tête de la vipère est un petit réservoir rempli de venin, qui communique par un conduit au creux de la dent meurtrière. Quand l'animal irrité dresse ses crochets et mord, une goutte de ce venin coule dans la blessure par le canal de la dent. Ce venin est liquide, comme huileux ; une très-petite quantité, versée dans la morsure, suffit pour donner la mort. Quand un petit animal est mordu, il périt en un instant. Si c'est un homme, le venin passant dans son sang, la partie blessée enfle, puis peu à peu le reste du corps ; la fièvre survient et souvent on meurt. Il importe donc beaucoup de connaître le remède et de l'appliquer, au besoin, sans aucun retard. Quand un homme est mordu, il faut faire saigner la plaie, l'agrandir avec un canif pour faire couler le sang avec abondance ; on lie fortement le membre mordu un peu *au-dessus* de la blessure, pour empêcher le sang mêlé de venin de se répandre dans tout le corps. Enfin il faut verser dans la plaie un liquide brûlant appelé *ammoniaque* ou *alcali volatil*, ou bien y enfoncer un fer rouge, pour brûler la chair touchée par le venin. Il faut se hâter, car la vie en dépend. — Des serpents venimeux, plus dangereux encore que la vipère, sont très-communs dans les pays chauds. Parmi ces espèces il faut citer le *naja*, qui habite l'Égypte et l'Inde, et le *serpent à sonnettes*, commun en Amérique, ainsi appelé parce que des anneaux qu'il porte au bout de sa queue font entendre, en s'entre-choquant, un petit bruit de grelots qui avertit de sa présence

LE SERPENT A SONNETTES.

LE NAJA.

LXX. — LES LÉZARDS

Classe des REPTILES. Ordre des SAURIENS.

N'avez-vous pas observé ces gentils LÉZARDS qui viennent, l'été, se chauffer au soleil ardent sur les vieilles murailles, et, si l'on veut les saisir, glissent avec tant de prestesse et disparaissent entre les pierres disjointes? Approchez lentement, avec précaution, vous pourrez examiner l'animal, son petit corps long, svelte et flexible, couvert de fines écailles luisantes d'une couleur gris brun agréablement nuancée; sa petite tête aplatie, fine, protégée par des écailles plus larges; son museau allongé, ses petits yeux d'un noir très-vif, ses quatre pattes minces, pourvues de cinq longs doigts effilés, armés d'ongles qui lui permettent de s'accrocher aux moindres inégalités, et de courir agilement sur les murailles et sur le tronc des arbres; enfin sa longue queue arrondie, écailleuse, qu'il agite et replie gracieusement. Cet animal, inoffensif et doux, devient volontiers familier; et alors il se laisse prendre à la main et vient à la voix qui l'appelle. Il vit de petits insectes, de moucherons et de fourmis. On le voit souvent, le corps caché dans quelque trou de la muraille, allonger au joint de la pierre sa petite tête curieuse : il est là à l'affût, il guette sa proie agile, le moucheron qui vient se poser; il s'élance avec tant de prestesse qu'il l'atteint, le saisit avec sa petite langue fourchue, qu'il *darde*, c'est-à-dire allonge et lance en avant avec rapidité. Cet animal craint le froid : l'hiver, il s'engourdit au fond de quelque trou, et passe là tout le temps de la mauvaise saison, endormi, sans bouger ni manger: au printemps, la chaleur du soleil le réveille et le ranime. Les petits *lézards gris* des murailles n'ont pas plus de quinze à vingt centimètres de longueur; les *lézards verts*, moins communs, sont de plus grande taille; leur corps est d'une magnifique couleur verte, brillante et nacrée. Les *lézards ocellés* ont le corps orné de jolies taches vertes, noires et bleues.

Le lézard appartient à la classe des *reptiles*, c'est-à-dire des animaux rampants, qui glissent sur leur ventre, ont la peau couverte d'écailles, le corps froid au toucher, et font des œufs que la simple chaleur du soleil fait éclore.

Lézard igouane.

Dans la classe des reptiles on distingue plusieurs groupes ou *ordres* : les animaux qui ressemblent au lézard forment l'ordre des *sauriens* (ainsi appelé d'un mot grec qui signifie *lézard*). Parmi ceux-ci nous citerons les *seps*, petits lézards au corps très-allongé, à pattes très-courtes, communs dans le midi de la France; les *geckos*, assez laids et de couleur grise; les *basilics* et les *dragons*, lézards américains — qui n'ont de terrible que le nom. Ces noms en effet désignent, dans les contes et les légendes, des reptiles *ailés* effroyables, mais imaginaires. — Les *igouanes* sont de plus grande taille; sur leur dos et leur queue s'étend une rangée d'écailles en dents de scie. Les *caméléons* ressemblent fort aux lézards, mais ils ont le corps plus gros et plus court, les pattes plus robustes, la tête grosse et large, de très-gros yeux saillants et une queue qui peut s'enrouler autour des objets pour les saisir. Ils ont les mouvements lents et gauches et sont célèbres par la propriété qu'ils ont de changer de couleur en certaines circonstances. Ils vivent d'insectes et de vermisseaux.

LÉZARD OCELLÉ ET LÉZARD VERT.

CAMÉLÉON.

LXXI. — LE CROCODILE

Classe des REPTILES. Ordre des CROCODILIENS.

Figurez-vous un lézard, — mais énorme: un lézard de trois à quatre mètres de longueur, gros à proportion; vous aurez une idée du CROCODILE. Mais autant notre petit ami le lézard des murailles est inoffensif et doux, autant le monstre dont je vous parle est féroce, vorace, redoutable! Ce terrible reptile a le corps couvert de larges écailles, si dures qu'à grand'peine une balle de fusil peut les percer. Sa queue est très-longue, aplatie sur les côtés, flexible et extrêmement robuste. Ses pattes sont courtes, leurs doigts armés de griffes, et ceux des pattes de derrière réunis par une sorte de peau qui s'étend entre eux lorsque l'animal écarte ses doigts, et forme comme une large rame. L'énorme tête aplatie se termine par un museau très-allongé; la gueule, fendue jusqu'aux oreilles, sans lèvres, montre à nu une rangée de dents longues et tranchantes; les yeux, gros, saillants, sous de larges sourcils et regardant de travers, ont un regard horriblement féroce. Cet animal a un aspect terrible et en même temps une laideur repoussante. Sa couleur est d'un brun foncé, vaseux, souvent aussi de nuance verdâtre. — Les crocodiles sont des animaux aquatiques; ils vivent dans les fleuves, dans les lacs; ils sortent parfois de l'eau pour rôder sur les rives. Ils nagent avec aisance et courent très-vite à terre. Ils se cachent souvent dans les roseaux pour guetter leur proie. Ils se nourrissent surtout de poissons, qu'ils détruisent en grande quantité; mais ils dévorent aussi de grands animaux, souvent même des hommes. Dans les pays où ils sont nombreux, tout animal qui veut traverser le fleuve ou même qui s'approche de la rive pour boire court grand danger d'être dévoré par les crocodiles; et si l'on veut puiser de l'eau, il faut prendre les plus grandes précautions. Les crocodiles, comme tous les reptiles, font des œufs, qu'ils abandonnent, enfouis dans le sable; la chaleur du soleil les fait éclore. Ces œufs, de couleur blanchâtre, sont de la grosseur d'un œuf de poule. Le petit crocodile qui en sort n'est pas plus grand qu'un lézard, mais il grandit avec rapidité. — Il y a plusieurs espèces de crocodiles : ceux qui infestent les fleuves de l'Amérique sont appelés *caïmans* ou *alligators*. Les *alligators* ont la tête large, un museau qu'on a comparé à celui du brochet, des dents inégales, les pattes de derrière *palmées* jusqu'à moitié de la longueur des doigts. Ils courent fort bien en ligne droite, mais leur corps est raide, et ils se détournent difficilement; si on est poursuivi par un caïman, c'est par une fuite tortueuse qu'on peut lui échapper. Dans certaines rivières ils sont tellement nombreux qu'on croirait voir des centaines de troncs d'arbres flottant sur les eaux. Ils dévorent avec une gloutonnerie effroyable les milliers de poissons qui peuplent ces belles eaux : on entend souvent au loin, dans le silence des nuits d'été, le claquement horrible de leurs mâchoires. L'hiver, ils s'enfouissent dans la vase et restent ainsi immobiles, engourdis, sans manger, jusqu'à ce que la chaleur du printemps les réveille et les ranime. Les *crocodiles* proprement dits vivent en Afrique; ils sont de couleur verdâtre, avec des taches et des raies noires sur le dos. Le Nil, ses affluents, presque toutes les rivières de cette immense partie du monde en sont remplis; il n'est pas rare que les habitants soient dévorés par eux. On prétend même que lorsqu'un crocodile a « mangé de l'homme » il prend goût à cette nourriture et la préfère à toute autre : il devient alors beaucoup plus féroce et plus dangereux. Et dire que les anciens Égyptiens adoraient presque ces affreuses bêtes! — Les *gavials*, qui vivent dans les fleuves de l'Inde et se distinguent par leur museau démesurément allongé, sont encore plus monstrueux et plus effroyables : ils atteignent jusqu'à six mètres de longueur!

Caïman ou alligator.

LE CROCODILE.

LXXII. — LES TORTUES

Classe des Reptiles. Ordre des Chéloniens.

Ces animaux de forme bizarre et d'allure lente qu'on appelle les Tortues, appartiennent à la classe des *reptiles*. On a dit bien des fois de la tortue qu'elle porte sa maison sur son dos ; mais il faut remarquer que la bête n'est pas seulement logée dans cette espèce de boîte : le logement fait partie de l'animal... Certains os de son corps, élargis et arrondis en voûte, forment la charpente de la maison ; sur la peau sont de larges et épaisses *écailles*, comme des tuiles, si vous voulez continuer la comparaison, qui forment la couverture. La partie supérieure de la boîte, sur le dos de l'animal, est appelée carapace ; la partie inférieure, sous le ventre, recouverte par des écailles plus petites, est ce qu'on nomme le plastron. Chez la plupart des tortues, cette *armure* est assez large pour que

Tortue mauresque.

la tête et le cou, la queue et les quatre membres puissent se retirer au dedans et se cacher complétement sous l'enveloppe. Il y a plusieurs espèces de tortues ; et tout d'abord on distingue les *tortues de terre* et les *tortues de mer*. La *tortue mauresque*, l'une des plus communes, a la tête petite, couverte de minces écailles ; ses pattes courtes, et qui semblent des moignons, sont garnies d'écailles très-rudes et pourvues d'ongles ; sa carapace est couverte de belles plaques d'écaille, régulières, d'une jolie couleur jaune et tachetées de noir. Elle vit sur la terre, où elle se traîne lentement et semble toujours engourdie. Elle se nourrit d'herbes, de légumes, de limaces, de vers. Pendant l'hiver elle se cache dans une sorte de terrier qu'elle creuse sous le sol ; et là elle s'engourdit tout à fait et dort, sans manger, jusqu'à ce qu'au printemps la chaleur la réveille. Les tortues pondent de petits œufs blancs, tout ronds, qu'elles cachent dans le sable et que la chaleur fait éclore. Les tortues de marais se plaisent dans les eaux fangeuses ; elles vivent de petits animaux aquatiques et de vermisseaux. Une espèce, la *cistud commune*, vit en France, dans les régions marécageuses ; elle est fort commune en Algérie. La cistude *caspienne* habite sur les bords de la mer Noire et de la mer Caspienne. Les tortues de fleuve préfèrent les eaux courantes ; elles sont de plus grande taille et plus aplaties.

Les tortues de mer sont les plus grandes de toutes : certaines ont jusqu'à deux mètres de longueur, et pèsent plus de quatre cents kilogram-

Tortue franche.

mes. Elles se traînent lentement sur le sable du rivage, mais elles nagent et plongent parfaitement, restent longtemps sous l'eau, puis reviennent respirer à la surface. Leurs pattes, très-élargies et couvertes d'écailles, ont la forme de rames ; leur queue est très-courte ; leur carapace est couverte de larges écailles ; c'est avec ces plaques que l'on fabrique ces boîtes, ces peignes, tous ces objets demi-transparents qu'on appelle objets d'*écaille*. Les tortues de mer se nourrissent d'herbes aquatiques et surtout de petits animaux qui vivent dans les eaux de la mer. Parmi ces espèces il faut citer : la *tortue franche*, dont la chair est un aliment très-agréable ; la tortue *caret*, dont l'écaille est très-estimée ; la tortue *caouane*, commune dans la Méditerranée ; et la tortue *luth*, dépourvue d'écailles.

TORTUE CARET.

TORTUE CISTUDE.

LXXIII. — LA GRENOUILLE

Classe des Batraciens. Ordre des Anoures.

Quand on se promène dans les prés humides, au bord des ruisseaux ou des étangs, à chaque pas on voit bondir de l'herbe et s'élancer dans l'eau les grenouilles effrayées, si lestes à sauter qu'on a à peine le temps de les apercevoir. Pourtant il n'est pas difficile d'en saisir quelqu'une au bond, et alors on peut examiner à loisir la petite bête, qui n'est vraiment pas laide, malgré sa grosse et large tête, ses gros yeux ronds saillants, rouges et bordés d'un cercle d'or, son gros ventre et toute sa forme bizarre. Vous remarquerez sa large bouche, fendue jusque sous les yeux, sa peau lisse, nue et assez agréablement ornée de taches et de bandes vertes ou brunes, toujours luisante et nette; ses pattes de devant, courtes et faibles, avec quatre doigts grêles formant comme une petite main; ses longues et fortes pattes de derrière, presque toujours repliées, dont les cinq

Œuf de grenouille.

Têtard au sortir de l'œuf.

Têtard plus âgé.

doigts sont palmés, c'est-à-dire réunis par une petite peau mince : ce qui forme comme une large rame lorsque l'animal étend ses doigts. La grenouille, à terre, marche lentement, en se traînant sur le ventre : mais elle saute fort lestement, en raidissant tout à coup ses longues pattes de derrière; elle est lancée comme par un ressort. Elle avance ainsi par sauts répétés. Mais le véritable élément de la grenouille, c'est l'eau. Elle nage avec aisance, en repoussant l'eau de ses pattes palmées, elle plonge admirablement et reste longtemps sous l'eau; pourtant elle est obligée de revenir de temps en temps respirer l'air à la surface, sans quoi elle périrait noyée.

Elle vit d'insectes, de larves aquatiques, et débarrasse nos ruisseaux et nos étangs d'une foule de vermisseaux; elle détruit en grande quantité les incommodes cousins. C'est un animal inoffensif, plutôt utile, doux, timide, qu'il n'y a aucune raison de détruire et qu'il serait odieux de tourmenter. Les grenouilles ont la voix forte et ne se font pas faute de *chanter;* leur chant est un *coassement* rude et rauque : *coax! coax!* Et comme elles sont nombreuses, elles font parfois dans les marais un concert assourdissant.... Pourtant, quand on l'entend le soir, dans le lointain, adouci par la distance, on écoute avec plaisir ce murmure monotone qui annonce les beaux jours.

L'histoire de cet animal si connu a pourtant quelque chose de bien extraordinaire : avant d'avoir cette forme, la bête coassante a passé par d'étranges *métamorphoses* (transformations, changements de forme). — D'un œuf de grenouille, gluant et transparent, gros comme un petit pois, abandonné parmi les roseaux de la rive, et qui éclot à la chaleur du soleil, il sort un petit animal ayant presque la forme d'un poisson : une grosse tête, un corps court, pas de pattes, une large queue en forme de rame; c'est ce qu'on appelle

Têtard avec ses pattes de derrière.

Petite grenouille ayant encore sa queue.

un *têtard.* Le petit être vit dans l'eau, nage prestement, sans être obligé de venir prendre l'air à la surface; il respire dans l'eau à la manière des poissons. Il grossit... mais voilà qu'au bout de quelque temps il lui pousse une petite paire de pattes de derrière, ensuite une autre paire de pattes devant; sa queue, alors, au lieu de grandir, décroît de plus en plus et finit par disparaître totalement. Dès lors le *têtard,* graduellement métamorphosé, est devenu une grenouille parfaite, mais encore toute petite. Plusieurs autres animaux rampants, plus ou moins semblables aux grenouilles et passant aussi par l'état de têtards, ont été réunis par les savants dans la classe des *batraciens* (ainsi appelés d'un mot qui signifie semblables aux grenouilles). Citons seulement la gentille *rainette verte,* ou grenouille d'arbre, qui vit dans les champs, les jardins et les prairies, et grimpe lestement au tronc des arbres. Elle vit d'insectes, de vermisseaux et de limaces; elle fait entendre, le soir, un petit coassement bref et plaintif.

RAINETTE.

GRENOUILLE.

LXXIV. — LE CRAPAUD

Classe des BATRACIENS. Ordre des ANOURES.

Le crapaud ressemble à la grenouille ; mais tandis que la grenouille est d'une forme plutôt agréable et d'une jolie couleur, luisante et proprette, vive, sautillante, le crapaud est laid, d'une couleur sale ; sa peau est couverte de *pustules* semblables à des verrues ; il est épais, lourd et se traîne péniblement. Son corps est plat, son ventre bouffi, sa tête large et aplatie, sa gueule énorme. Il a de gros yeux qui lui semblent sortir de la tête ; ses membres obliques se traînent gauchement. Mais cette pauvre bête ; si laide, est tout à fait inoffensible ; elle est même plutôt utile. Le crapaud, en effet, se nourrit d'insectes, de larves, d'escargots et de limaces ; il détruit en grande quantité ces animaux voraces qui font tant de dégâts dans nos potagers.

Le crapaud est un animal *nocturne ;* le jour il se tient blotti dans quelque trou, sous une grosse pierre, dans un lieu humide et obscur, comme s'il n'osait se montrer. Il sort le soir pour faire sa chasse parmi les herbes. Il va rarement à l'eau, et seulement en certaines saisons. Chose étonnante, ce laid animal a une assez jolie voix... Par les beaux soirs d'été, on entend souvent un petit son doux, plaintif et flûté, bref, comme le tintement argentin d'un petit grelot, répété par intervalle : c'est le *chant* des crapauds qui vont à la promenade.

Tritons.

Le crapaud est *venimeux.* Il ne pique pas ; mais quand il est irrité, il coule des *pustules* de sa peau une sorte de liquide blanchâtre, qui est un venin. Ce venin n'est pas dangereux pour nous d'ordinaire, parce que le crapaud ne mord pas, et si on le saisit, ce liquide, répandu sur la peau, ne peut causer aucun mal ; pourtant, si l'on avait aux doigts une coupure ou une écorchure, le venin pourrait *s'infiltrer* par là dans le sang, causer de très-vives douleurs et même des accidents assez graves ; il est donc prudent d'éviter de toucher cet animal. Du reste, il serait injuste de le tourmenter, puisqu'il n'attaque personne et se défend seulement, si on le blesse, par les moyens que la nature lui a donnés. Les crapauds déposent leurs œufs au bord de l'eau, dans les hautes herbes des étangs et des mares ; c'est la chaleur du soleil qui les fait éclore. Il en sort un petit animal qui ressemble un peu à un poisson : une tête très-grosse à proportion, un petit corps, une longue queue aplatie, point de pattes. Il vit dans l'eau, en effet, comme un poisson, nageant avec prestesse en agitant sa queue ; il est ce qu'on appelle un *têtard.* Le têtard du crapaud se *métamorphose,* c'est-à-dire se transforme peu à peu, absolument comme le têtard qui devient grenouille. Ses transformations sont très-curieuses à observer : on le voit d'abord grandir et grossir, puis il lui pousse deux petites pattes de derrière ; celles de devant naissent ensuite ; alors la longue queue se raccourcit graduellement et finit par disparaître.

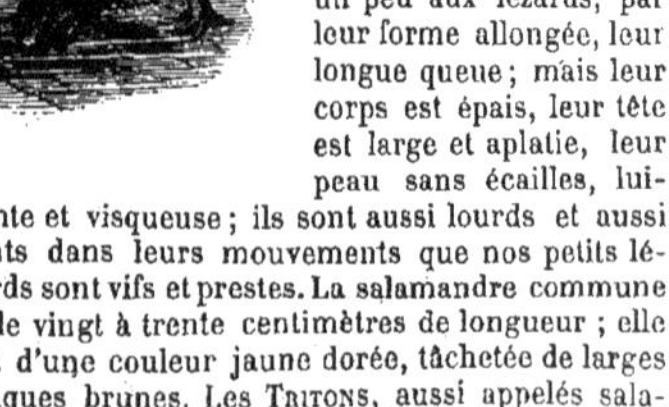

Les SALAMANDRES vivent dans les lieux humides. Ces reptiles ressemblent un peu aux lézards, par leur forme allongée, leur longue queue ; mais leur corps est épais, leur tête est large et aplatie, leur peau sans écailles, luisante et visqueuse ; ils sont aussi lourds et aussi lents dans leurs mouvements que nos petits lézards sont vifs et prestes. La salamandre commune a de vingt à trente centimètres de longueur ; elle est d'une couleur jaune dorée, tâchetée de larges plaques brunes. Les TRITONS, aussi appelés salamandres aquatiques, sont de taille plus petite, et de couleur brune ou noire. Certaines espèces portent le long du dos et de la queue une sorte de crête dentelée : on dirait des crocodiles en miniature... Ces petits reptiles, inoffensifs, très-communs dans l'eau des étangs et des fossés, ont une faculté singulière : s'ils viennent à perdre, par accident, une patte ou la queue, le membre repousse tel qu'il était auparavant... Toutes ces espèces appartiennent, comme le crapaud, à l'ordre des *batraciens,* animaux qui ressemblent à la grenouille et passent aussi la première partie de leur existence à l'état de *têtards.*

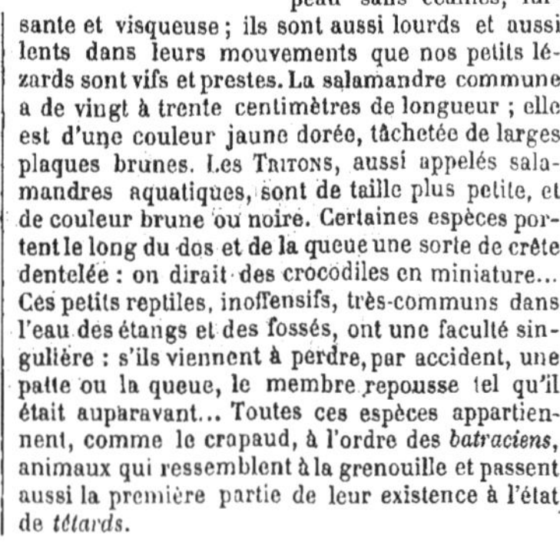

LA SALAMANDRE.

LE CRAPAUD.

LXXV. — LA RAIE

Classe des Poissons. Groupe des Sélaciens.

Les raies sont des poissons d'assez grande taille, que l'on pêche dans les eaux salées. Le corps de ces animaux est large et aplati ; leurs larges nageoires, à droite et à gauche, forment comme deux ailes épaisses et fortes ; le reste de leur corps s'allonge en forme de queue amincie. Leur tête aplatie, située entre les deux ailes, ne se distingue pas au premier coup d'œil ; du côté du dos on aperçoit les deux gros yeux ; en retournant l'animal du côté du ventre on voit la bouche qui est plate, garnie de dents aiguës, située au milieu entre les grandes nageoires. Ces poissons étranges ont sur le dos une rangée d'écailles pointues, en forme d'épines ou de crochets, qu'on appelle les *boucles* de la raie, et qui blessent cruellement.

La raie.

Ils se tiennent ordinairement au fond de l'eau, cachés sous les herbes marines. Ce sont des animaux très-voraces, qui font leur proie de tous les poissons de petite taille qu'ils peuvent saisir, et qu'ils poursuivent en nageant avec une extrême rapidité. Les *œufs* des raies ont la figure bizarre de petites bourses grises, coriaces, pourvues de longs cordons qui s'accrochent et s'entrelacent aux plantes marines. Les arêtes des raies sont très nombreuses, mais molles et flexibles. Leur chair est goûtée, tendre, et nourrissante. — On les pêche en grande quantité sur les rivages de la Manche, de l'Océan et de la Méditerranée.

La torpille.

Il y a plusieurs espèces de raies. La *raie blanche*, la plus commune, a quelquefois plus d'un mètre cinquante centimètres de longueur. La *raie grise* tachetée est de plus petite taille. Un autre poisson, qui ressemble beaucoup à la raie, la *torpille*, commune dans la Méditerranée, a la propriété singulière d'engourdir avec une secousse douloureuse la main qui la touche. Avez-vous entendu parler de certains *appareils électriques* des savants physiciens, qui, quand on les touche, font éprouver une *commotion électrique*, un choc violent et soudain ? C'est comme *un coup de foudre en petit*, qui ne tue pas certainement, mais qui étourdit et engourdit. La *torpille*, ainsi que plusieurs autres poissons a un *appareil électrique* intérieur qui produit des effets tout semblables. Il suffit de toucher de la main une torpille, dans l'eau ou retirée de l'eau mais encore vivante, pour ressentir, dans les bras, surtout au poignet et au coude, une vive secousse, comme un choc suivi d'un engourdissement extraordinaire. Pour faire à loisir cette *expérience* curieuse, on met l'animal dans un baquet rempli d'eau de mer, où il peut vivre très-longtemps. Si deux personnes se tiennent par la main, tandis que l'une touche la torpille, toutes deux ressentent le choc. On pense qu'elle se sert de son appareil électrique pour frapper et engourdir les petits poissons dont elle fait sa proie.

PHYSICIENS FAISANT L'EXPÉRIENCE DES COMMOTIONS DE LA TORPILLE.

LXXVI. — LE REQUIN

Classe des Poissons. — Groupe des Sélaciens.

Il y a parmi les poissons des bêtes féroces, des animaux redoutables, comme parmi les mammifères, les oiseaux et les reptiles. Les plus terribles de ces êtres voraces, sont les requins, habitants des grandes mers. Le *requin* est d'une taille énorme; parfois il atteint dix mètres de longueur. Ce poisson a le corps allongé, deux larges et fortes nageoires près de la tête, deux plus petites sous le ventre et une grande nageoire fourchue à la queue; ses yeux sont petits et de couleur verdâtre; sa gueule, fendue d'une façon effrayante, en dessous de la tête non au bout du museau, large presque d'un mètre, s'ouvre comme un gouffre : une gueule à engloutir un homme en deux bouchées! Elle est armée de six rangées de dents en forme de dents de scie, aiguës, effroyablement tranchantes. Cet animal monstrueux est d'une force prodigieuse et nage avec une rapidité extrême. Il est d'une voracité incroyable. Le requin dévore, croque en une bouchée tous les poissons de plus petite taille qui passent à portée de ses mâchoires; on dit qu'il préfère la *chair humaine* au poisson, et qu'il suit les navires et les barques de pêcheurs pour saisir celui qui tomberait à l'eau... Mais il n'est pas très-délicat dans ses goûts; et, faute de bons morceaux, cet affreux glouton avale tout ce qu'on lui jette : tombe-t-il du navire une couverture de laine, une paire de bottes, une bouteille, un bout de câble, maître requin engloutit tout cela... Aussi n'est-il pas très-difficile de le prendre. Il suffit d'accrocher un quartier de viande à un *grappin*, à un gros croc de fer attaché à une forte corde. On jette l'*appât;* le requin s'élance, avale d'un coup la viande et le grappin; le croc de fer entre dans ses mâchoires : le requin est pris. On a grand'peine à le tirer à bord du navire. — La chair du requin n'est pas mangeable, tant elle est dure; mais son foie fournit une assez grande quantité d'huile à brûler.

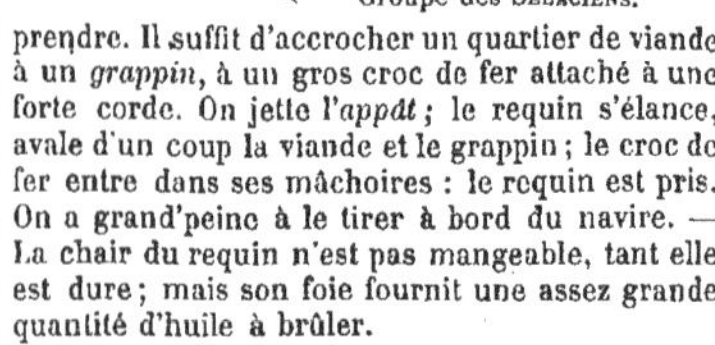

Une autre espèce, plus petite et non moins féroce, est le *marteau*, ainsi appelé à cause de la forme bizarre de sa tête, qui ressemble en effet à une tête de marteau sur son manche. La bouche est fendue en dessous, comme celle du requin. Un autre poisson encore, le poisson *scie*, qui ressemble beaucoup au requin, porte au bout de son museau une longue *scie* à deux tranchants garnie des deux côtés de dents aiguës; cette arme redoutable a parfois plus d'un mètre de longueur.—Dans la Manche et dans l'Océan on pêche souvent un poisson qui se rapproche aussi par la forme du terrible requin, mais qui est de plus petite taille et dépasse rarement un mètre de longueur : on l'appelle *roussette*. La peau de cet animal est si rude, que, desséchée, elle sert à gratter, à polir le bois. — Tous les poissons que nous venons de citer ont les *arêtes*, qui leur servent d'os, molles et flexibles comme celles des raies, et non pas raides et élastiques comme celles des autres poissons qui paraissent ordinairement sur nos tables.

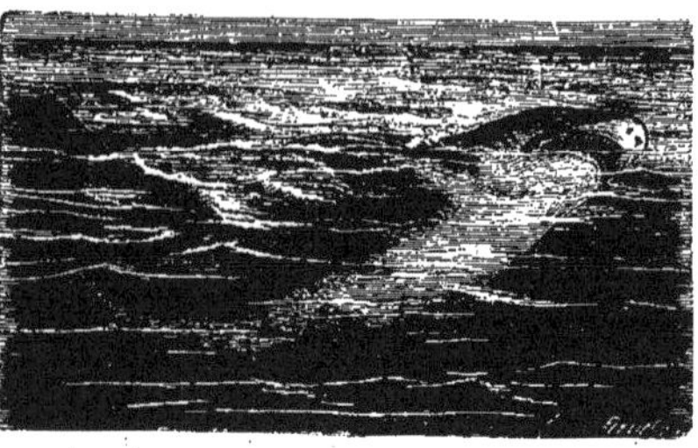

Le requin.

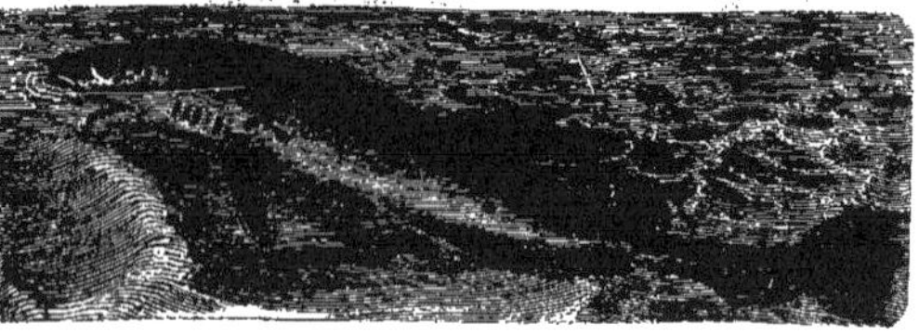

La roussette.

LA PÊCHE DU REQUIN.

LXXVII — LE HARENG

Classe des Poissons. — Groupe des Clupes.

Le Hareng est un joli poisson de mer, de moyenne taille. Tout son corps est couvert de belles écailles luisantes, à reflets argentés; son dos est vert, son ventre blanc gris. Il est pourvu de six nageoires : deux auprès de la tête, deux sous le ventre, une sur le dos; une autre, fourchue, terminant la queue. Chaque femelle de hareng pond un nombre immense de très-petits œufs, qu'elle abandonne au hasard, et qui éclosent comme ils peuvent. Une quantité énome de ces petits poissons, à peine éclos, sont dévorés par les gros poissons; mais beaucoup survivent et grandissent. Les harengs vivent dans les eaux salées de la mer en troupes immenses, tellement nombreuses que, lorsque ces troupes passent, la mer en est toute couverte sur une étendue de plusieurs lieues. C'est alors qu'on fait la *pêche aux harengs.* C'est la nuit; les pêcheurs sont montés sur de grands bateaux. On voit ces barques, avec leurs voiles étendues, aller et venir rapidement; chacune porte à l'avant un fanal qui luit au-dessus de l'eau sombre. Derrière la barque traîne un grand *filet,* sorte de tissu à très larges mailles. Ce filet, qui forme comme une longue bande de près d'un demi-kilomètre de longueur, *écume* pour ainsi dire la mer; les harengs, entourés par le filet cherchent à passer à travers les mailles trop étroites, et restent pris. Quand le filet est assez rempli de poissons, on le *tire* à bord, en recueillant à mesure les harengs qui y sont arrêtés. Puis on jette de nouveau le filet. Dans quelques heures la barque est remplie. Cette pêche fournit une quantité énorme de poissons. Quelques-uns sont mangés frais; d'autres doivent être préparés pour être conservés et envoyés au loin. Les uns sont seulement ouverts, nettoyés et *salés;* les autres sont, en outre, *fumés,* c'est-à-dire exposés à la fumée du bois vert, ce qui leur donne une teinte dorée et un goût particulier. On les entasse alors dans des barils et des caisses de bois; on peut les conserver ainsi plusieurs années. On consomme chaque année une quantité effrayante de harengs : pour plus de *soixante millions!* Cette pêche et ce commerce font vivre un grand nombre de personnes. Les *sardines* sont des poissons semblables aux harengs, mais plus petits. On les pêche de la même manière, en très-grande quantité. Cette pêche se fait surtout sur les côtes de Bretagne. Les sardines se conservent salées ou cuites dans l'huile. Les *aloses,* autre poisson de même famille, sont moins communes. Les *anchois,* beaucoup plus petits, se pêchent en très-grande quantité dans la Méditerranée. Ces poissons se préparent de même manière que les sardines; on en fait un grand commerce.

Le hareng.

La sardine.

PÊCHE DU HARENG.

LXXVIII. — LES CARPES

Classe des Poissons. Groupe des Cyprins.

On a donné le nom de Cyprins à un goupe nombreux d'espèces de poissons qui presque toutes vivent dans les eaux douces. Pour avoir une idée de la forme et de l'organisation de ces animaux, il suffit d'examiner une *carpe*, poisson de moyenne taille, si commun dans nos rivières et nos étangs. Vous observerez les belles et larges écailles luisantes qui couvrent le corps, les grandes écailles en forme de plaques qui protégent la tête. Vous remarquerez que la carpe a sur le dos une longue nageoire, une autre près de la queue, sous le ventre; une nageoire en éventail formant l'extrémité de la queue aplatie ; puis quatre *nageoires-rames*,

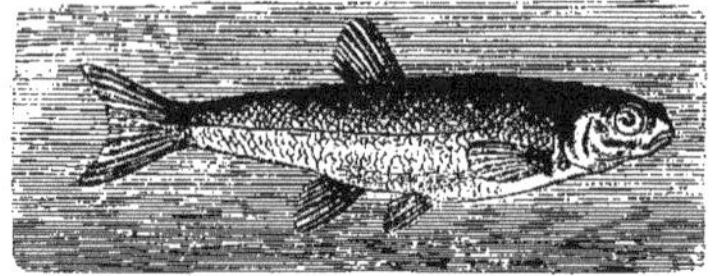

Le goujon.

L'ablette.

deux près des *ouïes*, deux sous le ventre. La carpe a de gros yeux brillants, une bouche largement fendue; en ouvrant cette bouche, vous reconnaîtrez qu'elle est *dépourvue de dents*... Cette seule chose, si vous réfléchissez, vous fera deviner que vous n'avez pas affaire à l'un de ces poissons féroces, carnassiers, qui s'entre-dévorent; la carpe, sans dents à la bouche, ne peut se nourrir et ne se nourrit en effet que d'herbes aquatiques et de vermisseaux qu'elle cherche dans le limon. La carpe femelle dépose simplement ses œufs dans l'eau, parmi les plantes aquatiques; la simple chaleur de l'été suffit pour les faire éclore, et les petits poissons qui en sortent grossissent très vite. Les autres poissons du même groupe des *cyprins* ressemblent beaucoup à la *carpe* et ont à peu près les mêmes habitudes. Citons les *tanches* de couleur grisâtre, les *barbeaux* au corps plus allongé, les *brêmes* ; puis des poissons de plus petite taille : les *gardons*, les *vairons*, les *ablettes*, enfin les *goujons* qu'on voit frétiller en troupes nombreuses dans les eaux courantes de nos petites rivières.

Mais les plus jolis poissons de ce groupe n'appartiennent pas à nos pays; ils viennent de la *Chine*, et leurs belles couleurs *rouge carmin*, *rouge doré* ou *blanc argenté*, les font rechercher pour l'ornement de nos jardins. On peut aussi les élever dans une petite cuve dont les bords sont formés de carreaux de verre. Cette cuve de verre est ce qu'on appelle un *aquarium* : c'est comme une *cage à poissons*... On peut y faire vivre non-seulement des *cyprins rouges*, mais toutes sortes de poissons de petite taille, des insectes aquatiques ; seulement il faut avoir soin de changer l'eau de temps en temps et de donner à manger aux habitants, et encore de donner à chacun la nourriture qui lui convient : sans quoi ils périssent. — Les *cyprins dorés* dont nous parlons vivent très-facilement dans les aquariums ; on les nourrit de miettes de pain, de jaunes d'œufs durs. Là, on peut admirer à loisir leur forme élégante, leurs belles couleurs et la vivacité de leurs mouvements. Les petits nouvellement éclos sont de teinte grise, noirâtre; c'est seulement au bout de plusieurs années qu'ils ont revêtu leurs couleurs éclatantes.

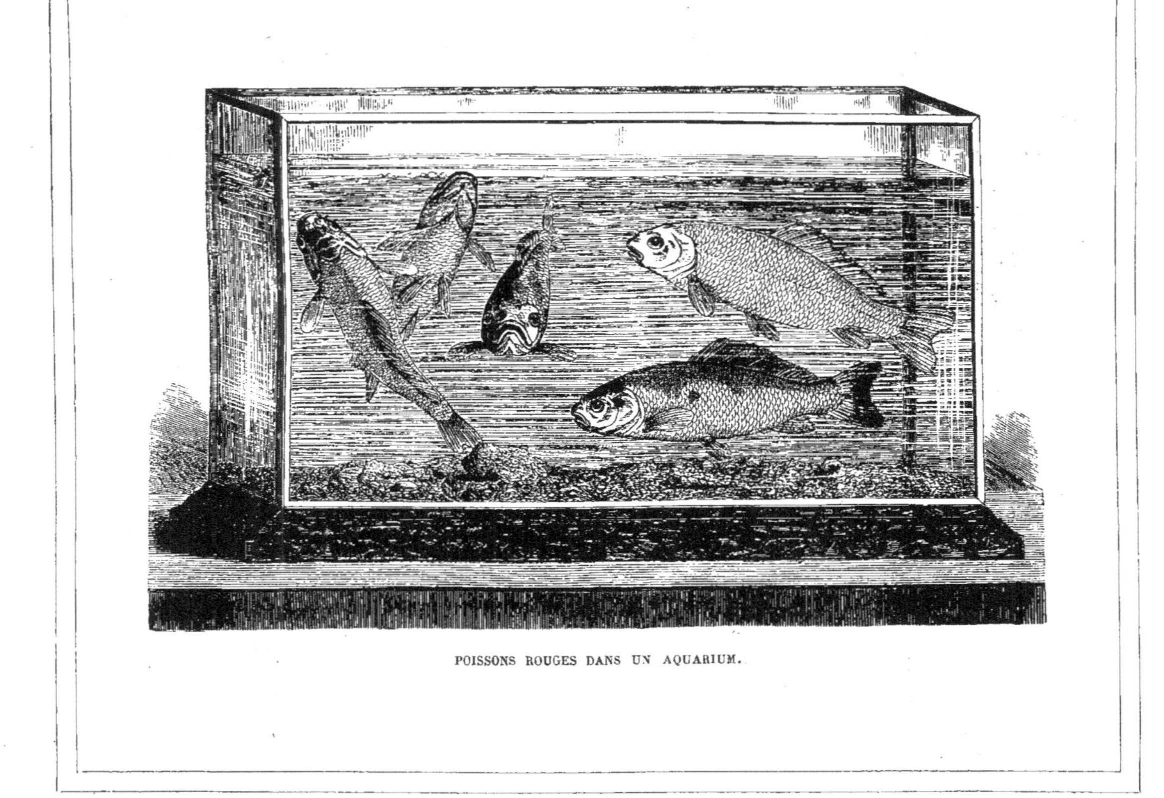

POISSONS ROUGES DANS UN AQUARIUM.

LXXIX. — LES POISSONS PLATS (TURBOTS, SOLES, PLIES)

Classe des POISSONS. — Groupe des PLEURONECTES.

On sert souvent sur nos tables des poissons de mer d'une forme singulière, qu'on appelle *poissons plats*. L'espèce la plus recherchée est le *turbot*. Figurez-vous un poisson aplati, non pas sur le dos, mais *en travers* : l'un des côtés plats est le côté droit, l'autre le côté gauche. Le contour du corps a la forme d'un losange : à l'une des deux pointes du losange est la tête, à l'autre, la queue. Le corps est bordé sur tout son contour, de la queue à la tête, sur le dos et sous le ventre, d'une nageoire qui figure comme une frange; de plus, l'animal possède deux nageoires en forme de rames, une de chaque côté, près de la tête, et une nageoire en éventail termine sa queue. Mais ce qu'il y a de plus bizarre dans cet animal, c'est que sa tête est aplatie et pour ainsi dire écrasée *tout de travers*, en sorte que ses deux gros yeux sont du même côté de la tête et la bouche est toute tordue..... La mâchoire inférieure avance d'une façon grimaçante; en somme, cette tête de poisson est fort laide. Le turbot est d'assez grande dimension et très vorace; il se nourrit de petits poissons et autres animaux marins de petite taille. Il se tient le plus souvent au fond de l'eau, couché sur le côté, à demi enfoncé dans le sable ou caché dans les herbes marines; il est là comme à l'affût; et si quelque proie vient à passer, il s'élance tout à coup et la saisit. Le turbot vit sur les rivages de l'Océan et de la Manche.

Soles.

Plie.

La *plie* ressemble beaucoup au turbot, mais elle est plus petite et sa chair est moins goûtée. Les *limandes* diffèrent peu des plies; leur peau, couverte de petites écailles dentelées, est extrêmement rude au toucher, comme une lime; de là leur nom. Ces poissons sont très-communs dans presque toutes les mers.

Les *soles* sont plus allongées, et plus plates, plus minces encore; elles nagent toujours couchées sur le côté; une face de leur corps est de couleur grisâtre, souvent ornée de taches et de bandes, tandis que l'autre est blanche. Ces poissons vivent sur les fonds *vaseux* de la mer; ils aiment à s'enfoncer à demi dans les limons ou dans le sable, à se cacher parmi les herbes marines. Tous les poissons plats ont la même conformation singulière : les deux yeux du même côté de la tête et la bouche tordue; ils ont aussi à peu près les mêmes habitudes, la même manière de guetter et de saisir leur proie.

SOLES ET LIMANDES.

TURBOTS.

LXXX. — LA PERCHE

Classe des POISSONS. — Groupe des POISSONS ÉPINEUX.

Certains poissons, dont les uns vivent dans les eaux douces des fleuves et des lacs, des rivières, des étangs, les autres dans les eaux salées de la mer, sont armés de fortes et dures *épines* aiguës. La nageoire en forme de crête qu'ils ont sur le dos contient les plus fortes de ces épines, qui peuvent faire des piqûres très-douloureuses. Ces *poissons armés* ont été rangés par les savants en un groupe qui contient un grand nombre d'espèces. Prenons pour exemple la PERCHE, commune dans nos rivières. La perche est un joli poisson aux écailles brillantes; son corps, jaune doré, plus blanchâtre sous le ventre, est noir verdâtre sur le dos et rayé de bandes de même couleur; quand l'animal, nageant dans l'eau transparente d'une rivière, vient à passer sous un rayon de soleil qui tombe sur l'eau à travers les arbres de la rive, toutes ces belles écailles resplendissent de reflets dorés. Ses yeux sont jaunes d'or, luisants et vifs. La perche a quatre nageoires en forme de rames près de la tête; une autre, en éventail, termine la queue; une est sous le ventre, deux sur le dos; ces dernières surtout sont armées d'épines aiguës, que l'animal redresse d'un air menaçant s'il se croit attaqué. Ce poisson est pourvu de fortes dents. C'est que la *perche* est un poisson carnassier, extrêmement vorace. Elle va et vient par les eaux, se met à l'affût derrière les herbes aquatiques; malheur aux goujons, aux petites carpes, à tous les poissons de petite taille et sans défense! Un bond rapide, un coup de dent... en un clin d'œil la proie est croquée. La perche se nourrit aussi de vermisseaux, de *têtards* et de petites grenouilles. Souvent même elle s'élance hors de l'eau pour saisir quelque insecte qui voltige près de la surface. La perche n'est pas un poisson de grande taille; elle pèse rarement plus d'un kilogramme; mais sa chair est excellente. — Un poisson qui diffère peu de la perche ordinaire, est la *grémille* ou *perche goujonnière*, ainsi appelée à cause de la quantité énorme de goujons qu'elle détruit. Les *Bars*, poissons de couleur blanche argentée, tachetés de brun, vivent dans les eaux salées de la mer et de l'embouchure des fleuves. Le *Thon* est encore un poisson de mer commun dans la Méditerranée et appartenant au même groupe.

Le rouget.

Parmi ces poissons armés d'épines, citons le *rouget*, ainsi nommé à cause de sa magnifique couleur rouge; vous remarquerez ses gros yeux, ses larges écailles. Enfin, dans le même groupe se trouve un poisson assez semblable de forme au rouget, mais de moindre taille et pourvu de nageoires énormes. Ce petit animal a quelque chose de bien singulier, c'est qu'il peut s'élancer hors de l'eau, voltiger pendant quelques instants en se servant de ses deux grandes nageoires comme de deux ailes. Un poisson qui vole! n'est-ce pas chose curieuse et extraordinaire? Pourtant ces *poissons-volants* ne sont pas rares, et souvent les pêcheurs de la Méditerranée peuvent en prendre *au vol*..., souvent même il en tombe dans les barques et les navires.

Poisson volant.

LA PERCHE.

LE THON.

LXXXI. — LES ÉPINOCHES

Classe des Poissons. Groupe des Poissons épineux.

Voici de tout petits poissons, et qui au premier coup d'œil n'ont rien de bien remarquable. Ils sont, du reste, fort communs dans les petites rivières et les ruisseaux, jusque dans les fossés et les petites mares. Mais si, à l'été, on observe avec soin les allées et les venues des Épinoches, on les voit *faire leurs nids!* Des poissons qui font des nids comme des oiseaux, qui élèvent, nourrissent, gardent leurs petits! N'est-ce pas chose étonnante et presque incroyable? — Les épinoches sont des poissons *nains*; ils ont à peine quatre ou cinq centimètres de longueur. Leur corps est lisse et fluet, leur peau ornée de fines écailles brillantes; leur tête est couverte d'écailles plus larges; ils ont deux gros yeux verts et chatoyants; ils portent sur le dos deux longues *épines* aiguës, deux autres sous le ventre; c'est ce qui leur a fait donner leur nom. Ils sont d'une agilité extrême, et vivent ordinairement par troupes assez nombreuses. Vers les premiers jours de juin, les épinoches mâles se mettent à construire leurs nids. Chacun choisit sa place. Le petit poisson creuse d'abord un peu le sable ou la vase au fond de l'eau; puis il va chercher et apporte dans sa bouche des herbes aquatiques fines et flexibles. Il les dépose dans le trou; il les charge de petites pierres pour que le courant de l'eau ne les emporte pas; puis il entrelace d'autres herbes encore. Il en forme un tas assez élevé; il y creuse un passage.

Épinoches faisant leur nid.

Se tournant et se retournant, il y fait sa place; il tasse bien les herbes, les arrange en forme de berceau. Le nid achevé, les femelles viennent y déposer leurs œufs. Le propriétaire du nid le ferme alors soigneusement, en rapprochant les herbes; il ne laisse qu'une toute petite ouverture et se met auprès, en sentinelle, sans doute pour défendre les œufs si quelque poisson glouton voulait les dévorer. Au bout d'une dizaine de jours, les œufs éclosent; il en sort de petites épinoches grosses comme des fils, molles, faibles... Cet étonnant père nourricier les surveille; il les empêche de s'écarter du nid, et si quelqu'un s'enfuit, il le rattrape, le prend dans sa bouche sans lui faire de mal, et le ramène avec les autres. On le voit toujours aller, venir, tournoyer autour de ses *enfants*, de ses nourrissons. Il va leur chercher de la nourriture, de petits vermisseaux qu'il sait découvrir dans la vase; il leur apporte cette becquée d'un nouveau genre, et la leur met dans la bouche.....

Tous ces soins durent une vingtaine de jours; au bout de ce temps, les petites épinoches peuvent aller seules, leur éducation est achevée; elles sont en état de se défendre elles-mêmes avec leurs armes naturelles, je veux dire leurs épines aiguës. C'est une bonne arme, en effet; et rarement les gros poissons osent dévorer les épinoches, tant ils ont peur de se piquer à leurs aiguillons. Les *épinochettes* sont plus petites encore: au lieu de deux épines seulement, elles en ont une rangée de plus petites tout le long du dos. Les épinochettes se construisent des nids semblables à ceux des épinoches; mais, au lieu de les bâtir sur le fond de sable ou de vase, elles les construisent parmi les plantes aquatiques, absolument comme les oiseaux attachent le leur aux branches des arbres.

ÉPINOCHETTES CONSTRUISANT LEURS NIDS.

LXXXII. — LE HANNETON

Classe des INSECTES. Ordre des COLÉOPTÈRES.

Pour avoir une idée de l'organisation de tout un groupe d'insectes, des plus intéressants et des plus beaux, il vous suffira d'observer attentivement un *hanneton*. Vous remarquerez d'abord son corps protégé de toutes parts par une sorte d'enveloppe écailleuse ; vous verrez sous son ventre la partie inférieure de ses *anneaux*. Ses six longues pattes grêles sont aussi enveloppées d'une peau durcie et luisante. Elles ont chacune plusieurs *articulations*, comme des charnières, là où elles plient, et sont terminées par de petits crochets, à l'aide desquels l'animal s'accroche aux objets sur lesquels il marche. Sa tête est mince et pourvue de deux *antennes* qui s'ouvrent comme des éventails à la volonté de l'insecte. Avec un peu d'attention, vous verrez encore, sous la tête, de petits *crochets* qui entourent la bouche du hanneton ; c'est avec ces petits crochets qu'il ronge les feuilles dont il se nourrit. Mais ce que le hanneton a de plus remarquable, c'est la forme de ses ailes. Il en a quatre ; les deux ailes de dessus, épaisses, semblables à des écailles, forment comme une chape brune sur le dos de l'animal ; c'est une sorte d'étui, sous lequel sont repliées les deux autres ailes, longues, minces, transparentes et légères. Quand le hanneton veut voler, il soulève d'abord ses ailes écailleuses, ses *élytres* ; puis il déplie et dégage de dessous ses ailes transparentes qu'il agite avec rapidité. Les insectes ainsi pourvus de deux ailes écailleuses se refermant pour protéger les deux autres ailes forment l'ordre très-nombreux des insectes *coléoptères* (à ailes en étui). — Avant d'avoir cette forme, le *hanneton* a passé par plusieurs *métamorphoses*. De l'œuf du hanneton, il éclôt une sorte de petit vermisseau nu, blanc, sans ailes, qu'on nomme *larve*. Cette larve s'enfonce dans la terre ; elle se nourrit en rongeant la racine des plantes. Elle croît, grossit ; puis, au bout de trois ans, elle cesse de ronger, de se mouvoir ; elle se roule et se ramasse ; elle est alors ce qu'on appelle une *nymphe*. Peu à peu enfin, ses ailes, ses pattes se forment, se durcissent, et l'animal, devenu hanneton parfait, sort de terre et se met à voltiger. Ces insectes, lorsqu'ils sont nombreux, causent souvent de grands dégâts dans nos champs ; leurs larves rongent les racines des arbres, de toutes les plantes, et les font languir et périr ; à l'état de hanneton parfait, ils dévorent les feuilles. Mais s'il est souvent nécessaire de détruire ces insectes voraces, il ne serait pas moins odieux de les tourmenter en des jeux cruels. — Parmi les insectes coléoptères, un grand nombre sont remarquables par leurs belles couleurs et leur éclat, ou par leurs formes bizarres, ou par leur manière de vivre. Nous citerons les belles *cétoines* (1, 7, 9), de couleurs variées, étincelantes et comme dorées, qui vivent sur les rosiers ; les *cerfs-volants* (5), ainsi appelés à cause de leurs grandes cornes, menaçantes mais inoffensives ; les *dytisques* (3), les *gyrins* (8), qui vivent dans l'eau des ruisseaux et ne volent que le soir ; les *carabes* (4, 6) et les *cicindèles*, qui chassent de petits insectes et des vermisseaux ; les jolies petites *coccinelles* (bêtes-à-bon-dieu), qui se nourrissent de pucerons ; enfin les *vers luisants*, ou *lampyres* qui répandent une vive lueur verdâtre, et qu'on voit, par les beaux soirs d'été, briller comme de petites étoiles dans l'herbe, sous les buissons ; les femelles seules portent la lumière.

Hanneton soulevant ses élytres.

Larve du hanneton,
Ver blanc.

Nymphe du hanneton,
vue en dessous et en dessus.

Lampyre mâle, ailé et sans lumière.

Coccinelle.

Lampyre femelle, sans aile et lumineux.

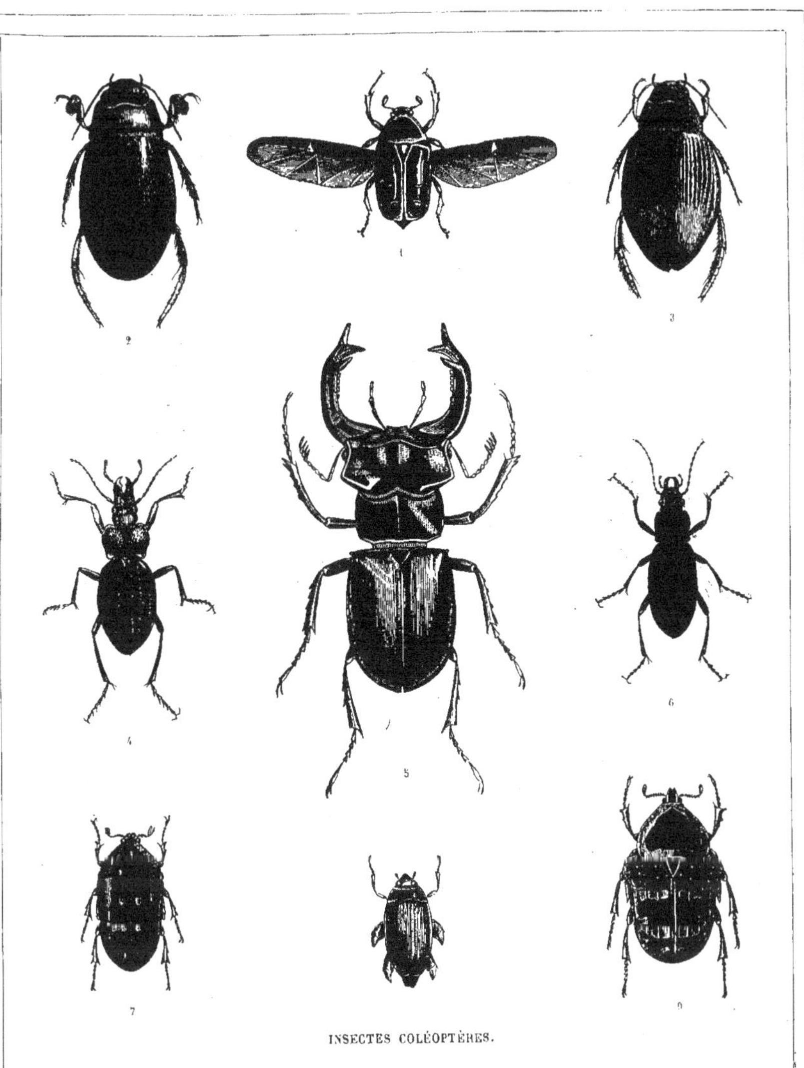

INSECTES COLÉOPTÈRES.

LXXXIII. — LA SAUTERELLE

Classe des Insectes. — Ordre des Orthoptères.

Les *sauterelles* de nos champs, grises ou vertes, sont des insectes de forme bizarre, appartenant à l'ordre des *orthoptères*, c'est-à-dire des insectes dont les ailes se replient comme les feuilles d'un éventail de papier, et paraissent alors droites, étroites et longues. La plus grande, la sauterelle verte, est très commune dans nos prairies. Son corps est long, mou excepté au corselet, là où les ailes et les pattes sont attachées. Sa petite tête est ovale ; on y distingue de gros yeux et deux longues *antennes* ou petites cornes légères, ordinairement rejetées en arrière. Mais ce qu'il faut surtout observer, ce sont les pattes de derrière de la sauterelle ; elles sont très-longues, fortes, ordinairement repliées des deux côtés du corps, et forment un angle aigu comme les jambages d'un A majuscule. La sauterelle marche très-peu ; elle voltige, mais elle saute mieux encore, à l'aide de ses deux fortes pattes. Quand l'animal les redresse tout à coup, c'est comme un ressort qui se détend ; la sauterelle, lancée au loin, étend ses ailes et voltige, puis va se poser à quelque distance. Elle part comme un trait sous la main, en sorte qu'il est très-difficile de la saisir. La sauterelle grise, plus petite et plus frêle encore, est extrêmement commune parmi les herbes fleuries de nos prés. Ces insectes, en frottant l'une contre l'autre deux lamelles écailleuses de leurs pattes, comme deux petites cymbales, produisent ce son aigu, ce petit *zic-zic* répété qu'on entend surtout l'été autour des blés mûrs.

Sauterelle.

Grillon des champs.

Ces insectes vivent en rongeant les feuilles des herbes. Ils sont très-voraces ; mais comme ils ne sont pas en très-grand nombre, leurs dégâts, au milieu des herbes touffues des prés, ne sont pas vraiment à craindre. Mais il n'en est pas ainsi d'une autre espèce, qu'on appelle le *criquet*. Les criquets ressemblent fort à la sauterelle commune, mais ils sont de plus grande taille : leurs ailes sont fortes, et ils volent fort vite et fort loin. Ces insectes pernicieux sont très-communs dans le midi de l'Europe, et plus encore en Afrique. Ils vivent et voyagent en grandes troupes, si nombreux, si serrés que parfois l'air en est obscurci. Un vol de criquets fait de loin l'effet d'un nuage sombre qui rase la terre. Ces animaux voraces s'abattent sur les champs, les jardins, les moissons : c'est comme une grêle. En quelques heures il ne reste plus rien, ni herbe, ni feuillage ; le sol est nu et les arbres sont dépouillés de feuilles comme après les gelées de l'hiver... c'est un affreux désastre. Lorsqu'ils ont tout dévoré, les criquets reprennent leur vol, pour s'abattre en un autre lieu. Parfois toute une région est dévastée. S'ils ne trouvent plus de quoi manger, ils périssent ; mais leurs corps qui pourrissent sur le sol infectent l'air et peuvent occasionner une sorte de peste. Il faudrait pouvoir détruire ces insectes ravageurs là où ils éclosent, avant qu'ils aient la force de s'envoler ; mais jusqu'ici tout ce qu'on a pu faire consiste à en tuer autant que l'on peut, ou à allumer de grands feux, dont la fumée parfois les écarte.

Les innocents *grillons* ou *cri-cris* des champs, remarquables par leur tête énorme et par le bruit strident qu'ils produisent, les *grillons* des foyers, qu'on entend le soir chanter près des cendres, appartiennent au même ordre.

INVASION DE CRIQUETS EN ALGÉRIE.

LXXXIV. — LE FOURMILION

Classe des INSECTES. Ordre des NÉVROPTÈRES.

Le léger et joli insecte ailé que représente notre gravure a été nommé FOURMILION, comme pour dire *lion des fourmis*, destructeur et vorace ennemi des fourmis. C'est un « insecte de proie, » un chasseur : pendant une partie de sa vie, il chasse « *à l'affût* » ; pendant une autre, il chasse au vol et poursuit sa proie dans l'air. Sa manière de vivre et ses *métamorphoses* sont très-singulières et méritent toute notre attention. Du petit œuf de fourmilion, déposé sur le sable, il naît une petite bête plate, sans ailes, le corps velu, avec six pattes velues et deux longues cornes en forme de pinces. C'est un animal extrêmement vorace. La *larve* éclose choisit un endroit où le sable est fin et sec, et y creuse son piège : c'est une sorte d'entonnoir de trois centimètres de largeur environ et de deux de profondeur. Pour cela, il a fallu qu'avec ses deux cornes elle ait pioché, enlevé le sable grain à grain, puis rejeté chaque pincée au loin d'un coup de sa tête. L'entonnoir achevé, le petit chasseur se met à l'affût tout au fond, le corps entièrement caché dans le sable, ne laissant dépasser que les cornes. — Une fourmi passe près de l'entonnoir, elle s'approche, elle veut voir ce qu'il y a là... la fourmi

Fourmilion.

est un animal très-curieux. La pauvre bête trébuche sur le bord, elle roule au fond de « l'abîme », — car c'est un précipice pour une fourmi, qu'un trou profond de deux centimètres ! Elle veut remonter ; mais le sable mouvant s'écroule, elle retombe. Parvient-elle à remonter près du bord, la larve chasseresse, avec ses cornes, lui lance une pluie de grains de sable : c'est comme une grêle de pierres qui fait rouler au fond la fourmi. Le petit lion alors la saisit avec ses cornes, la tue, lui suce le sang : mais il ne la mange pas. Il ne faut pas cependant que les restes de la proie demeurent au fond du piège : la larve soulève la fourmi morte sur ses cornes, et, d'un grand coup de tête, la lance loin de l'entonnoir. Puis elle répare son piège et se remet à guetter. Vers le mois de juillet, le fourmilion s'enveloppe dans une sorte de *cocon*, en forme de boule ; il devient une *nymphe* à peu près semblable à la crysalide du papillon. Enfin, au bout de quinze jours, il sort du cocon transformé en un bel insecte, long, fin, léger, avec quatre larges ailes, deux gros yeux ronds et deux petites antennes légères. Il est devenu tout semblable aux jolies *demoiselles* qu'on voit voltiger au-dessus des eaux.

Larve du fourmilion.

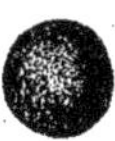

Cocon.

Nymphe du fourmilion.

LE FOURMILLON ET SON PIÉGE.

LXXXV. — LES LIBELLULES

Classe des Insectes. Ordre des Névroptères.

Quand on se promène par les prairies, en un beau jour d'été, et que, pour trouver le frais, on se rapproche des ruisseaux et des lieux ombragés, on voit voltiger légèrement au-dessus des eaux de beaux insectes effilés, luisants, aux ailes merveilleusement transparentes et presque invisibles, qu'on appelle vulgairement *demoiselles*, et dont le nom véritable est *libellules*. Parfois ils se posent sur les herbes aquatiques : et alors, en s'approchant avec précaution, on peut admirer à loisir leur corps souple, leurs couleurs, qui resplendissent comme l'or sous le rayon du soleil, bleu sombre, ou vert doré, ou rouge feu ; leurs ailes délicates et fragiles qui semblent tissées de gaze, et parfois sont ornées de taches veloutées, des nuances les plus riches ; leurs gros yeux qui ressemblent aux bouchons de cristal taillés à facettes dont on ferme les carafes. Les libellules sont des insectes aquatiques. Il y en a plusieurs espèces. La *libellule déprimée* est très-commune dans nos prairies. Avant d'avoir cette forme légère et ces belles couleurs, la libellule a passé, comme presque tous les insectes, par deux transformations. Au sortir du petit œuf, c'est une *larve* sans ailes. Cette larve (*c*) vit dans les eaux, parmi les plantes aquatiques. La larve de la libellule est un animal vorace ; à l'affût dans le limon des eaux peu profondes, elle guette toute proie qui passe : petits insectes aquatiques, vermisseaux, petits poissons même. Elle saisit sa proie à l'aide d'une énorme pince — énorme à proportion — qui ressemble un peu à la pince d'une écrevisse. Puis la larve grossit, change de peau : il lui pousse des moignons d'ailes... c'est sa première métamorphose. Elle est alors appelée *nymphe* (*d*) ; et en cet état elle continue son métier de chasseresse vorace. Enfin un jour, par un beau soleil, le petit animal sort de l'eau, s'accroche à une branche et se tient immobile ; par un effort intérieur, il fend sa vieille enveloppe (*e*), et de cette peau desséchée comme d'un fourreau sort le joli insecte aérien, pourvu d'ailes légères (*a*). Mais, pour avoir changé de peau, l'animal n'a pas pour cela changé d'instinct ni de mœurs ; aussi vorace, aussi *carnassière*, la belle demoiselle dorée voltige au-dessus des eaux, happant au passage les moucherons, les éphémères et autres petits insectes volants : elle chasse dans l'air, au lieu de chasser dans l'eau, en poursuivant sa proie, au lieu de l'attendre à l'affût.

Libellule *aiguille ailée*.

La *libellule déprimée* a le corps un peu large et aplati ; d'autres espèces, beaucoup plus élégantes, plus brillantes et plus frêles encore, ont le corps beaucoup plus allongé et plus mince : au point qu'en Bretagne, où elles sont fort communes, on leur donne le nom d'*aiguilles ailées*. Celles-ci ont sur les ailes une large tache ovale de couleur veloutée, bleue, rouge feu ou violette, suivant la couleur du corps. — Les *éphémères*, petits insectes extrêmement frêles et effilés, qui ne vivent qu'un seul jour à l'état ailé ; les *raphidies*, les *mantispes*, les *némoptères* appartiennent au même groupe que les libellules.

Larve de libellule saisissant un petit insecte.

MÉTAMORPHOSES DE LA LIBELLULE DÉPRIMÉE.

LXXXVI. — LES ABEILLES

Classe des INSECTES. Ordre des HYMÉNOPTÈRES.

Les abeilles sont des insectes industrieux laborieux, d'un instinct admirable. Elles vivent en société, les abeilles sauvages dans le creux de quelque tronc d'arbre, celles qu'on élève, dans une petite maisonnette de paille qu'on leur a préparée, et qu'on nomme *ruche*. Les abeilles ont la forme de grosses mouches brunes à quatre ailes; elles ont six pattes, deux minces antennes à la tête, comme deux cornes légères, et une petite trompe, comme une langue, pour sucer le miel des fleurs. Il y a trois sortes d'abeilles : les *reines* ou *mères* des abeilles, les *ouvrières* et les *faux-bourdons*. Les reines et les ouvrières, de querelleuse humeur, ont à la queue un aiguillon qui fait des piqûres très-douloureuses; les faux bourdons en sont dépourvus.

Ruche.

Ce sont les ouvrières qui font tout le travail de la ruche. Elles vont, viennent, voltigent avec ardeur; elles se posent sur les fleurs, et, avec leur petite trompe, elles sucent un peu de liqueur sucrée qu'il y a au fond des calices. De cette liqueur elles font leur miel. Elles recueillent aussi une matière blanche qui sort de leur corps et qui devient la cire. Avec cette cire, les ouvrières construisent dans la ruche leurs *gâteaux*, c'est-à-dire un ensemble de petites *cellules* ou chambrettes, accolées les unes contre les autres. Dans ces cellules, elles déposent le miel, qui est pour elles une provision de nourriture. Il n'y a dans chaque ruche qu'une seule mère abeille. Celle-ci ne travaille pas : les ouvrières la nourrissent de miel. Elle pond des œufs, qu'elle dépose un à un dans chaque cellule. Les ouvrières alors mettent auprès du petit œuf une provision de nourriture recueillie sur les fleurs, et bouchent l'entrée de la cellule. Il sort de l'œuf une larve semblable à un tout petit ver blanc, qui mange, grossit, se transforme en une mouche molle et blanchâtre (*nymphe*). Enfin elle devient une abeille parfaite, qui ouvre sa cellule, s'envole et va butiner sur les fleurs avec les autres. Les abeilles reines éclosent dans des cellules plus grandes, et les ouvrières les nourrissent d'une bouillie miellée plus fine et plus abondante. Les faux-bourdons ne prennent aucune part au travail de la ruche. Quand les abeilles d'une ruche sont devenues trop nombreuses, on voit une certaine quantité d'entre elles, se réunissant autour d'une mère nouvellement éclose, s'en aller chercher une autre demeure : c'est ce qu'on appelle un *essaim*. Les abeilles qui le forment se rassemblent, accrochées les unes aux autres, comme une grappe suspendue à quelque branche d'arbre. On les recueille alors dans une ruche préparée à l'avance. — C'est à la fin de l'été qu'on fait la récolte de la cire et du miel amassés dans les ruches.

Cellules de cire.

Mère abeille.

Ouvrière.

Faux-bourdon.

ABEILLES BUTINANT SUR LES FLEURS.

LXXXVII. — LES GUÊPES.

Classe des INSECTES. Ordre des HYMÉNOPTÈRES.

Les GUÊPES sont des insectes qui ressemblent beaucoup aux industrieuses *abeilles*, et qui vivent, comme elles, en société. Les guêpes communes sont un peu plus grosses que les abeilles ; leur corps est d'un beau jaune doré, tacheté de noir ; lorsqu'elles sont posées, elles replient leurs ailes comme deux éventails fermés.

Dans chaque société il y a trois sortes de guêpes : les *ouvrières*, qui sont les plus nombreuses et font la plus grande partie du travail ; les *faux-bourdons*, qui les aident ; enfin les femelles ou *mères guêpes*, qui pondent des œufs, et qui travaillent aussi à construire le nid : chez ce petit peuple laborieux il n'y a pas de fainéants. Les mères et les ouvrières ont, comme les abeilles, un aiguillon dont la piqûre est très-douloureuse ; les faux-bourdons en sont dépourvus. Les guêpes ont le caractère plus turbulent et plus irritable que les abeilles. Elles se nourrissent de toutes sortes de matières sucrées ; elles recueillent peu de miel sur les fleurs, mais elles piquent, creusent, dévorent les fruits : les poires, les abricots, les figues, les raisins. Elles entrent hardiment dans les maisons, se jettent sur le sucre, les confitures, les mets. Elles dévorent même des insectes, qu'elles tuent de leur aiguillon, pour leur sucer le sang. Il y a plusieurs espèces de guêpes dans nos champs. La guêpe commune fait son *nid*, son *guêpier* dans la terre ; une autre, un peu plus petite et de couleur rousse, la guêpe *cartonnière*, suspend le sien aux branches des arbres : celle-là surtout fait un travail merveilleux. Le *guêpier* ressemble beaucoup à une ruche d'abeilles. Seulement la guêpe ne produit pas de cire ; elle forme les murs de sa demeure d'une sorte de *papier* qu'elle fabrique en mâchant des feuilles et du bois. Elle en fait une pâte qu'elle pétrit et étend en feuilles minces ; cette pâte, en séchant, forme une espèce de carton assez fragile. Le nid est entouré de plusieurs épaisseurs de ces feuilles, roulées les unes sur les autres comme les feuilles d'un chou... A l'intérieur, les guêpes bâtissent, toujours avec la même matière, de petites chambrettes ou cellules, accolées les unes aux autres, semblables à celles que construisent les abeilles. Dans chaque cellule la mère guêpe dépose un œuf, dont il sort bientôt une *larve* en forme de petit ver blanchâtre, qui grossit, puis enfin se transforme en guêpe parfaite. Les ouvrières apportent sans cesse au guêpier la nourriture nécessaire à leurs nourrissons, distribuent dans chaque cellule une espèce de pâtée et de petits insectes qu'elles ont saisis. Les guêpes *polistes*, plus minces et plus grêles que les guêpes communes, vivent en sociétés peu nombreuses, et font leurs petits nids dans les buissons. Tous ces insectes éclosent en grand nombre à l'été, et font parfois de grands dégâts dans les jardins et les vergers. Mais quand vient l'hiver, le froid les fait périr presque tous. Ceux qui survivent, cachés sous la terre et comme endormis, se réveillent au printemps suivant et se mettent aussitôt à construire de nouveaux guêpiers.

Frelon.

Les *frelons*, tout semblables aux guêpes, sont beaucoup plus gros ; leur aiguillon est redoutable. Leur nid est formé d'une matière jaunâtre et extrêmement fragile ; ils le construisent dans un trou de muraille, ou sous l'abri du bord d'un toit, ou dans le creux d'un arbre vermoulu.

Guêpe commune.

Guêpe cartonnière.

Guêpe poliste.

NID DE GUÊPES CARTONNIÈRES.

LXXXVIII. — LES FOURMIS

Classe des Insectes. Ordre des Hyménoptères.

Les fourmis forment un petit peuple de travailleurs d'un instinct plus merveilleux encore que celui des abeilles. — Ces insectes vivent en nombre immense dans ces petites *villes souterraines* qu'on appelle des fourmilières. Dans chaque fourmilière il y a trois sortes d'*individus:* des mâles et des femelles, qui ont des ailes, et les *ouvrières*, travailleuses infatigables, plus petites, privées d'ailes, qui à elles seules font tout le travail de la société. Quand vous trouverez une fourmi ouvrière, saisissez-la avec précaution: vous observerez son petit corps brun noir, noir ou gris foncé, — car il y a parmi les fourmis plusieurs espèces, — luisant et arrondi, séparé en trois parties qui semblent ne tenir ensemble que par un fil; la tête, grosse à proportion, avec deux gros yeux et deux longues et fines *antennes*; le *corselet*, portant six pattes; enfin le *ventre*. Vous remarquerez encore, aux deux

Mâle.

Ouvrière.

Femelle.

coins de la bouche deux petits crochets à l'aide desquels l'animal saisi cherche à pincer les doigts... Ce sont les armes et les outils de notre ouvrière. Les fourmis mâles et femelles sont toutes semblables, à cela près qu'elles ont des ailes. — Les fourmis se construisent, avec des parcelles de terre, des brins de bois et de paille, une demeure souterraine où elles vivent en commun. Cette fourmilière est comme un labyrinthe de petites routes tortueuses et de petites chambres irrégulières qui communiquent avec l'extérieur par des trous percés dans la terre et d'étroits passages remontants. Là les femelles pondent de très-petits œufs, qui bientôt éclosent; il en sort une *larve*, semblable à un petit vermisseau blanchâtre. Ce petit animal ne saurait lui même chercher sa nourriture; ce sont les ouvrières qui deviennent les nourrices de ces *enfants de fourmis*... Elles vont recueillir sur les plantes du miel, de la sève, qu'elles apportent à leur bouche et leur font sucer... La larve grossit, puis s'enveloppe d'une sorte de *cocon* blanchâtre en forme d'œuf: elle est alors appelée *nymphe*. Ce sont ces petits cocons blancs qu'on voit en abondance, à l'été, dans les fourmilières, et qu'on prend quelquefois pour des *œufs de fourmis*, sans réfléchir que ces prétendus œufs sont plus gros que les fourmis elles-mêmes, et que nul animal ne peut pondre un œuf plus gros que lui! Au bout de quelques jours passés à cet état, l'animal rompt l'enveloppe de son petit cocon; il en sort une fourmi parfaite, mais molle et blanche; elle se sèche, durcit, prend peu à peu la couleur des autres, puis se mêle au travail de la fourmilière. Les fourmis se nourrissent de matières végétales, de la sève sucrée de certaines plantes; mais elles rongent aussi et sucent la chair des animaux morts. Vous pourrez voir souvent des fourmis occupées, en grand nombre, à dévorer un hanneton mort ou quelque autre insecte. — On trouve sur certaines plantes, sur les rosiers, par exemple, de petits insectes mous, verdâtres ou bruns, que l'on appelle des *pucerons*. Ces insectes ont sur le dos deux petits tuyaux par lesquels coule de temps en temps une fine gouttelette de liqueur miellée. Or, ces pucerons sont pour ainsi dire les *vaches* des fourmis. Nos intelligentes ouvrières vont à la recherche de ces insectes, et sans leur faire de mal, elles les *traient*, c'est-à-dire les flattent et les chatouillent de leurs antennes, pour faire couler de leur corps la gouttelette sucrée, qu'elles sucent avidemment. Certaines fourmis même — instinct étonnant! — emportent les pucerons dans leur fourmilière, pour les traire plus à leur aise, et là elles les nourrissent en leur apportant du feuillage frais chaque jour... C'est ce qui peut s'appeler mettre ses vaches à l'étable! Certaines espèces de fourmis roussâtres ont un instinct plus étonnant encore: ce sont des guerrières, des conquérantes. Elles vont par grandes troupes envahir et piller les fourmilières des fourmis *noires cendrées*, plus petites, mais excellentes travailleuses; elles les dispersent et les massacrent, puis volent et emportent *leurs enfants*.... je veux dire leurs nymphes. Elles les apportent dans leur fourmilière. Là ces nymphes éclosent; les ouvrières qui en sortent, n'ayant jamais connu leurs vrais parents, se mettent aussitôt à travailler pour leurs ravisseurs. Elles deviennent les esclaves des fourmis rousses; elles bâtissent leurs fourmilières, soignent leurs larves. Les fourmis maîtresses ne se mêlent plus de rien; elles se font servir et nourrir, elles aussi, par leurs vaillantes petites noires. Elles deviennent tellement paresseuses et indolentes, dit-on, qu'elles se laisseraient mourir de faim plutôt que de travailler elles-mêmes, et que, s'il faut changer de lieu, elles se font porter par leurs esclaves.

LES TRAVAUX DE LA FOURMILIÈRE.

LXXXIX. — LES PAPILLONS DIURNES.

« N'avez-vous pas admiré les vives couleurs des « papillons, leur vol léger et capricieux, quand « ils errent à travers les prés et les jardins, se « posant sur les fleurs pour boire le miel qui se « forme au fond de leurs corolles? Il y en a des « centaines d'espèces, toutes différentes de forme, « de taille, de parure. On les a quelquefois appelés « des *fleurs volantes*, pour exprimer leur fragilité et

Papillon montrant les trois parties du corps, les quatre ailes et les antennes.

« leur beauté. Et en effet, quand un papillon, qui « s'était posé sur le feuillage, étalant ses ailes au « soleil, s'envole tout à coup, on dirait une fleur « qui se détacherait de sa tige et que le vent « emporterait dans l'air. » (*Lectures expliquées.*)

Les papillons sont les plus jolis des insectes. Ils ont le corps allongé, six pattes grêles, quatre grandes ailes. Leurs deux gros yeux ressemblent à deux têtes d'épingles de jais taillées à facettes. Ils portent deux sortes de petites cornes extrêmement fines et légères, appelées *antennes*, et une *trompe* déliée, comme un petit tuyau, avec lequel ils sucent la liqueur sucrée qu'il y a au fond des fleurs, ou les gouttes de rosée sur les feuilles. Les ailes des papillons sont comme saupoudrées d'une fine poussière qui s'attache aux doigts quand on les touche ; cette poussière est formée d'une multitude de petites écailles, excessivement fines et légères, brillantes et de couleurs diverses : suivant la manière dont ces écailles colorées sont disposées sur les ailes, elles forment ces jolis dessins qui les ornent. Parmi les nombreuses espèces de papillons, on distingue ordinairement ceux qui volent le jour et font reluire leurs ailes au grand soleil, de ceux qui ne voltigent que le soir ou la nuit. Les *papillons de jour* ou *diurnes* sont les plus légers, ceux dont les ailes brillent des couleurs les plus vives, ceux que vous avez admirés jouant et se poursuivant dans l'air. Leur corps est mince ; leurs antennes sont très-fines, rondes, souvent terminées par une sorte de petite tête. Leurs ailes sont très-larges, et quand ils se posent, ils les redressent, en les appliquant l'une contre l'autre.

Papillon vanesse.

Mais ces beaux insectes n'ont pas toujours eu cette forme brillante. Ce qui sort de l'œuf du papillon, c'est un petit animal rampant et sans ailes,

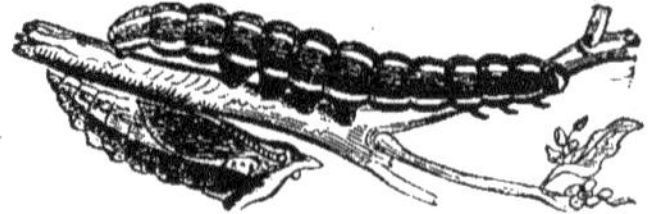

Chenille et Chrysalide.

une *chenille* enfin. Les chenilles ont la forme allongée des vers, le corps mou, de petites pattes courtes. Elles sont, suivant les espèces, différentes de grandeur et de forme. Elles ne sont pas toutes laides, tant s'en faut ; il y en a qui sont peintes de plus vives couleurs, qui sont tachetées, rayées, veloutées ; d'autres sont ornées de houppes de longs poils soyeux. Les chenilles sont très-voraces ; et quand elles sont trop nombreuses, elles causent de grands dommages dans les jardins, les champs et les forêts. Les chenilles croissent très-vite ; arrivées à toute leur grandeur, elles cessent de manger ; leur peau se durcit, se ride, tombe ; il sort de dessous cette enveloppe une sorte de petit *poupon* étroitement emmaillotté, sans pieds ni ailes. C'est ce qu'on appelle une *chrysalide* ; c'est la première transformation de l'insecte. Pour se transformer en chrysalides, les chenilles des papillons diurnes se suspendent ordinairement par la queue, ou se collent aux feuilles, aux murailles. Les chrysalides des papillons diurnes sont de formes anguleuses. — Enfin un beau jour se fait la seconde *métamorphose* (transformation) ; la peau de la chrysalide se fend, il en sort le petit être charmant et frêle que vous connaissez. Il déplie, allonge, étale ses ailes, puis, enfin, s'envole et commence sa *vie aérienne* — qui ne durera pas bien longtemps.

LES PAPILLONS DIURNES.

XC. — LES PAPILLONS NOCTURNES.

Classe des INSECTES. Ordre des LÉPIDOPTÈRES.

Au coucher du soleil, quand les brillants *papillons du jour* se reposent abrités sous les feuilles, d'autres papillons, qui tout le jour s'étaient tenus cachés, prennent leur vol à leur tour ; il en est même beaucoup qui ne voltigent qu'à la nuit close. Les papillons du soir et de la nuit sont moins légers que les *diurnes* (papillons du jour); leur corps est plus gros, plus épais, ordinairement velu. Leurs petites cornes ou *antennes* ressemblent à de petites plumes excessivement délicates et légères. Leurs ailes sont moins larges à proportion ; et quand ils se reposent, au lieu de les redresser comme les papillons de jour, ils les abaissent et les replient sur leur corps. Leurs couleurs sont aussi bien moins éclatantes; leurs ailes n'ont guère que du blanc, du gris, des teintes brunes ; mais ces couleurs plus ternes sont douces, admirablement veloutées, et forment de très jolis dessins.

Cocon d'une chenille fileuse.

De même que les papillons de jour, ceux de nuit ont passé par deux *métamorphoses* (changements de forme), avant d'avoir leur forme ailée. En sortant de l'œuf, petites *chenilles* semblables à des vers, molles, sans ailes, avec des pattes courtes, rampantes et voraces, ces insectes vivent sur les plantes, rongent sans cesse les feuilles, les fruits, les jeunes pousses, le bois même des arbres. Les chenilles grandissent rapidement. Suivant les espèces, ces chenilles sont diverses de couleurs, parfois même fort agréablement tachetées de teintes brillantes. Les unes ont la peau *nue*, les autres sont protégées par de grandes touffes de poils. Les unes n'atteignent qu'une faible dimension ; mais celles d'où proviennent les grands papillons du soir sont parfois aussi longues et aussi grosses que le doigt : ce qui est une belle taille pour des chenilles ! Ce sont les chenilles des papillons *nocturnes* et *crépusculaires* qui sont les *chenilles fileuses*, dont le travail est si curieux. Lorsque l'insecte doit se transformer, il se prépare d'abord une demeure sûre, une couche moelleuse. Une liqueur gluante, filante, que contient son corps, sort par un très-petit trou situé près de la bouche ; puis aussitôt, se durcissant à l'air, forme un fil excessivement fin, flexible, doux, soyeux. La fileuse attache ce fil aux branches ou aux feuilles, s'en entoure, le roulant et le repliant autour d'elle dans tous les sens, de telle sorte qu'elle se trouve enfin renfermée comme au milieu d'un peloton ayant à peu près la forme d'un petit œuf. C'est ce qu'on appelle un *cocon*. — D'autres chenilles s'enfoncent dans la terre ou roulent des feuilles en cornet pour s'y mettre à l'abri. Leur peau se dessèche, se fend; il en sort une *chrysalide*, sans pieds, semblable à un poupon emmailloté; les chrysalides des papillons du soir et de la nuit sont de forme arrondie et lisse. La chrysalide reste quelques jours immobile; puis son maillot se fend ; il en sort enfin un papillon complet et parfait qui perce son cocon, étend ses ailes et s'envole ; c'est la seconde *métamorphose*.

Chenille nue d'un papillon nocturne

LES PAPILLONS NOCTURNES.

XCI. — LE VER A SOIE

Classe des INSECTES. Ordre des LÉPIDOPTÈRES.

L'insecte auquel nous donnons le nom de VER A SOIE n'est pas en réalité un ver : c'est une chenille, une *chenille fileuse*, qui se transforme en un épais et lourd *papillon nocturne*, de couleur blanchâtre. — Le ver à soie ne vivait pas autrefois en Europe ; il nous vient de l'Asie orientale, de la Chine, d'où nous l'ont apporté de hardis voyageurs. — Les œufs d'où naissent les vers à soie sont appelés de la *graine*, parce qu'en effet ils ont l'apparence de petites graines, de la grosseur de grains de millet, et un peu aplaties. La chaleur du soleil d'été, ou celle d'un appartement bien chauffé par un poêle suffit pour les faire éclore. Au bout de quelques jours, il en sort une petite chenille gris noirâtre, qui a quatre ou cinq millimètres de longueur à peine. On lui donne pour nourriture des feuilles de mûrier fraîchement cueillies. Ce petit animal est extrêmement vorace ; il mange beaucoup et grossit rapidement ; puis il perd sa couleur noire et devient gris blanchâtre. A mesure qu'il grossit — c'est bien naturel — il mange davantage ; au bout d'un mois, il a acquis la longueur du doigt. Il a alors l'apparence d'une grosse chenille, blanche jaunâtre, molle, assez laide. A ce moment, le ver à soie cesse de manger ; on le voit lever la tête, se balancer : il cherche un endroit commode pour construire son *cocon*. — Il y a à l'intérieur de l'animal une sorte de réservoir, comme un boyau rempli d'un liquide épais et gluant. Ce liquide, c'est la matière qui formera la soie. Un petit conduit l'amène du réservoir intérieur vers une petite ouverture, un trou extrêmement fin, situé sous la tête, près de la bouche. Quand notre chenille fileuse fait sortir par cette

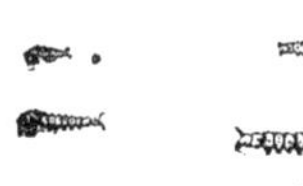

1er âge. 2e âge.

3e âge.

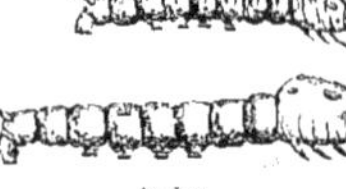

4e âge.

étroite ouverture le liquide *gluant*, la matière s'allonge en un fil extrêmement délié, qui se durcit aussitôt à l'air et forme le fil de soie, plus fin qu'un cheveu. La chenille attache d'abord quelques fils aux objets environnants, de préférence à des branches rameuses ; puis, faisant aller et venir sa tête lentement et continuellement, toujours filant et roulant ses fils autour d'elle, forme un peloton au milieu duquel elle se trouve renfermée. Bientôt on ne peut plus l'apercevoir. Ce peloton de fil fin, soyeux et luisant, blanc ou jaune doré, c'est ce qu'on appelle le *cocon* du ver à soie. Ce cocon filé, l'insecte demeure immobile ; sa vieille peau de chenille tombe, il se transforme en *chrysalide*, épaisse et courte, de couleur brune, qui rappelle par sa forme un *poupon* étroitement emmaillotté. Il reste quinze jours environ à cet état ; pendant ce temps, sous cette peau de chrysalide, se forment ses ailes, ses pattes, tous ses organes : il se métamorphose, c'est-à-dire se transforme peu à peu. Enfin il brise sa peau de chrysalide, il perce son cocon ; se faisant un passage entre les fils, il sort : la *chenille* rampante et vorace est devenue un papillon de la famille des nocturnes, blanchâtre, velu, épais, pas très-beau. Ce papillon vole très-peu, le soir seulement, dans les pays où il vit à l'état sauvage ; ceux qu'on élève chez nous ne volent même jamais : ils marchent lentement en se traînant. Au bout de quelques jours, les femelles pondent leurs petits œufs. Puis la vie de ces papillons est finie ; ils meurent. — Quand on élève les vers à soie pour recueillir leur produit, on les fait éclore, on les nourrit en très-grand nombre dans les établissements qu'on nomme *magnaneries*. Les cocons sont recueillis, puis *dévidés* avec toutes sortes de précautions ; plusieurs *brins* assemblés, puis tordus ensemble, servent à faire ces fils dont on tisse les étoffes de soie.

Ver à soie arrivé à toute sa croissance (5e âge).

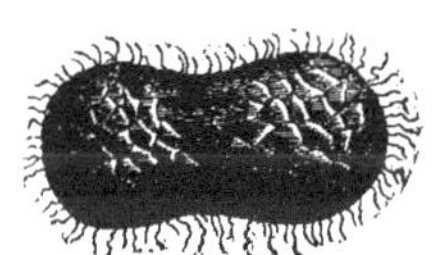

LE VER A SOIE.

(PAPILLON, COCON, CHENILLE ET CHRYSALIDE.)

XCII. — LE COUSIN

Classe des INSECTES. Ordre des DIPTÈRES.

Si vous regardez, un jour d'été, dans l'eau d'une petite mare paisible, ou mieux encore dans un de ces tonneaux défoncés remplis d'eau que l'on met dans les jardins pour fournir aux arrosements, vous verrez se jouer dans l'eau de singuliers petits animaux qui nagent avec rapidité pendant quelques instants; puis viennent à la surface, s'y arrêtent, *la tête en bas*, et restent ainsi immobiles. Leur corps porte, des deux côtés, des rangées de houppes de poils. En un mot, cet insecte aquatique a la forme figurée sur notre dessin (n° 1), excepté qu'il est beaucoup plus petit en réalité (on l'a figuré six ou huit fois plus grand, afin de faire mieux distinguer les détails). C'est la *larve* du COUSIN, c'est-à-dire la première forme de cet insecte si incommode. Au bout de quelques semaines, l'animal a changé totalement de figure : sa tête est maintenant quatre fois plus grosse que son corps; elle semble recouverte d'une sorte de casque; il est devenu ce qu'on appelle une nymphe. A l'état de *larve*, le petit animal venait à la surface de l'eau et s'y arrêtait, la tête en bas, pour *respirer* l'air à l'aide d'un petit tuyau placé au bout de sa queue (1). Maintenant, tout au contraire, il nage en se tortillant d'une façon bizarre, puis vient à la surface encore pour respirer; mais sa grosse tête en haut, cette fois; il respire maintenant par deux petits tuyaux placés sur sa tête comme deux cornes (2). Enfin, un beau jour, la *nymphe* vient s'étaler à la surface de l'eau : la peau de sa tête se fend, et de cette vieille peau, comme d'un fourreau, sort lentement un insecte ailé, frêle, délicat, fort joli, tandis que le fourreau vide flotte sur l'eau (3).

Le cousin (n° 4) a le corps très allongé, six longues pattes minces comme des fils, deux ailes transparentes, deux gros yeux, deux jolies *antennes* semblables à de petites plumes merveilleusement fines. De plus, l'animal a à la tête un long aiguillon pointu (n° 5), acéré, avec lequel il perce la peau. Cette petite blessure ne se sentirait même pas : mais ce dard est empoisonné... une fine gouttelette de venin est versée dans la plaie, qui se gonfle, devient rouge, un peu douloureuse et démange vivement. Le cousin pique ainsi la peau pour sucer, à l'aide de sa longue *trompe*, mince comme un fil et pourtant creuse, une goutte de sang... Le cousin se plaît à voltiger dans les lieux frais, près des ruisseaux; il vole surtout le soir et la nuit. Ses ailes se meuvent si rapidement qu'on ne saurait les apercevoir : on a pu calculer exactement que le petit insecte donne plus de *mille coups d'ailes* dans une seconde, dans le temps de faire un pas...

Le cousin appartient à l'ordre des insectes *diptères*, c'est-à-dire pourvus de deux ailes seulement; tandis que les insectes des autres ordres en ont presque toujours quatre, comme les abeilles, les papillons, les libellules. Dans ce même groupe, il faut d'abord citer les *moustiques*, assez semblables aux cousins, et qui font des piqûres plus douloureuses. Elles sont extrêmement communes dans les contrées chaudes; on est obligé, dans beaucoup de pays, de se protéger la nuit par des rideaux légers, tendus au-dessus des lits et parfaitement clos, pour se préserver de leurs piqûres multipliées et insupportables; sans quoi on ne pourrait avoir un instant de sommeil. Les *mouches incommodes* sont encore des insectes à deux ailes, comme vous pourrez le vérifier facilement en observant une *mouche domestique*, un de ces moucherons importuns (8) qui marchent sur nos vitres, et viennent jusque sur nos tables sucer les mets, et surtout les mets sucrés. Les *mouches à viande*, dont la plus commune est la grosse *mouche dorée* (10), que vous verrez souvent voltiger aux environs des cuisines, gâtent les viandes que l'on veut conserver quelques jours : leurs *larves*, appelées vulgairement *vers*, dévorent les chairs et les font se corrompre plus rapidement. D'autres s'en prennent aux animaux vivants. Tels sont les *œstres* (6 et 7) qui attaquent les chevaux, les tourmentent et les font entrer en fureur. Une autre espèce d'*œstres*, beaucoup plus grosse, pique les bœufs et les fait cruellement souffrir. Cette mouche après avoir percé la peau de l'animal à l'aide de son aiguillon, introduit un œuf dans la blessure. De cet œuf il éclot bientôt une *larve*, qui vit sous la peau de la pauvre bête, dans la chair même, qu'elle ronge à loisir. Les *taons* (9) piquent aussi les bœufs, mais c'est pour leur sucer le sang. Une autre mouche, la *céphalémie*, tourmente les pacifiques moutons. La *dermanysse* (11), qui n'a que des moignons d'ailes, vit sur nos volailles. D'autres diptères s'attaquent à nos fruits : les uns piquent nos fraîches cerises et y pondent leurs œufs, qui produisent des larves dégoûtantes; le *dacus*, moucheron de très-petite taille, perce les olives; ses larves dévorent ces fruits précieux et causent de grands dommages. Presque tous les insectes à deux ailes sont des animaux malfaisants, et les petits oiseaux qui les détruisent en quantité énorme nous rendent grand service.

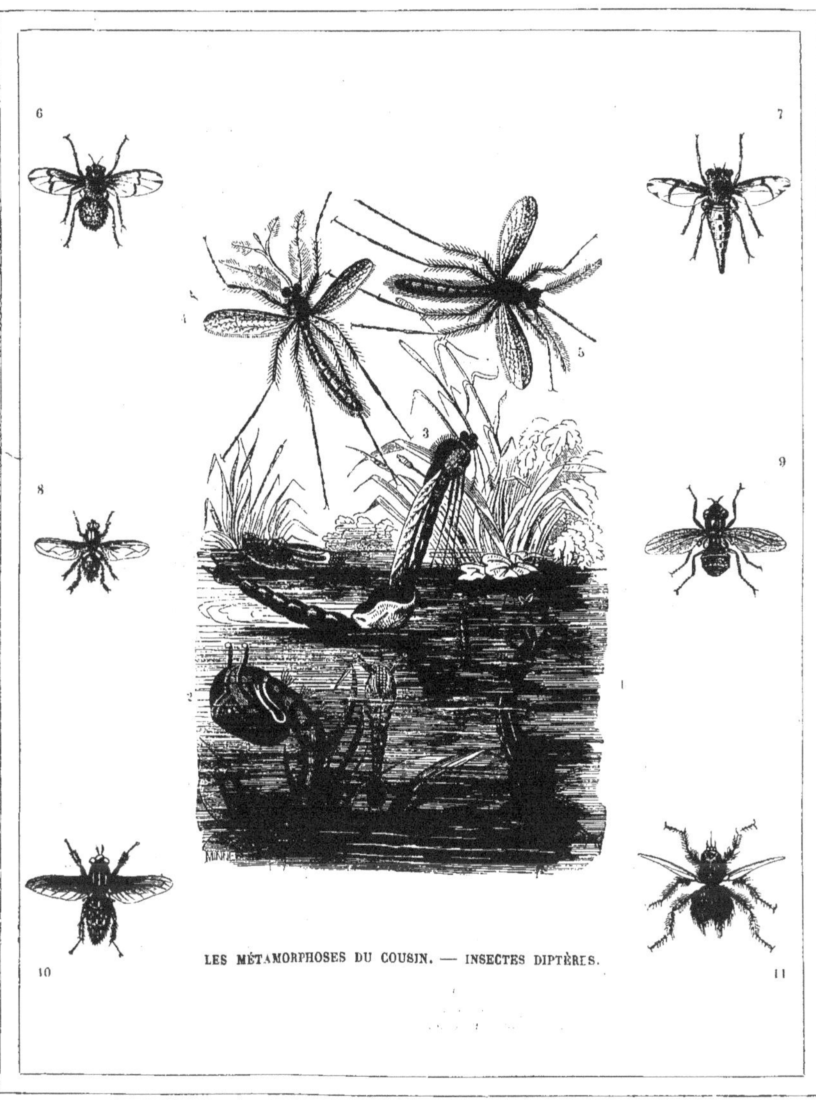

LES MÉTAMORPHOSES DU COUSIN. — INSECTES DIPTÈRES.

XCIII. — L'ARAIGNÉE

Classe des Arachnides. Groupe des Araignées.

L'araignée n'est pas un insecte. Les insectes ont tous six pattes : l'araignée en a huit. Les insectes ont le corps divisé en trois parties distinctes ; les araignées en deux seulement. Leur tête ne fait pour ainsi dire qu'un avec le *corselet* (la partie où sont fixées les pattes) ; le ventre, énorme, y est rejoint seulement par une partie étroite, comme étranglée. Les araignées n'ont pas, comme les insectes, ces deux petites cornes légères et flexibles qu'on appelle *antennes*. Elles ont plusieurs yeux très-petits, disposés autour de leur corps, en sorte que ces étranges bêtes voient tout autour d'elles... Leur corps est velu, leurs pattes sont armées de petites griffes à l'aide desquelles elles s'accrochent lorsqu'elles marchent.

Les araignées sont des animaux carnassiers,

L'araignée Lycose et son trou.

féroces, malgré leur petite taille. Elles se nourrissent de moucherons et de pucerons ; elles se dévorent même entre elles... Quand l'araignée a saisi une proie, elle la perce de deux petits crochets aigus qu'elle porte aux coins de la bouche : ces crochets, creusés d'un petit canal, font couler une gouttelette imperceptible d'un poison violent ; l'insecte, blessé de ces griffes vénimeuses, périt en un instant. L'araignée alors lui suce le sang, puis rejette le cadavre. — C'est à l'aide d'un appareil qu'elle porte sous le ventre et qu'on appelle sa *filière*, que l'araignée tisse ses fils déliés, d'une admirable finesse. Une liqueur gluante qui se forme à l'intérieur de son corps, sort, à la volonté de l'animal, par des trous d'une extrême petitesse ; cette liqueur se durcit à l'air en forme de fils soyeux et légers. Avec cette sorte de soie, l'araignée tisse sa toile, comme le ver à soie son cocon, et l'attache aux objets environnants. — Il y a plusieurs espèces d'araignées : les unes, telles que les *épeires* (1,2) à pattes courtes, les araignées des jardins, celles des greniers, filent et tendent de larges toiles suspendues aux tiges des arbres, aux angles des fenêtres. C'est un piège pour prendre la proie : les moucherons, les petits papillons, en voltigeant étourdiment, s'embarrassent dans les fils ; l'araignée, à l'affût, est cachée sous une feuille, dans un angle, dans un trou de la muraille. Ainsi font encore les araignées à longues pattes grêles, appelées *faucheux*. D'autres, qu'on appelle araignées chasseresses, ne tendent point de toiles ; elles vont par les champs cherchant leur proie.

Les *lycoses*, grosses araignées des caves et des

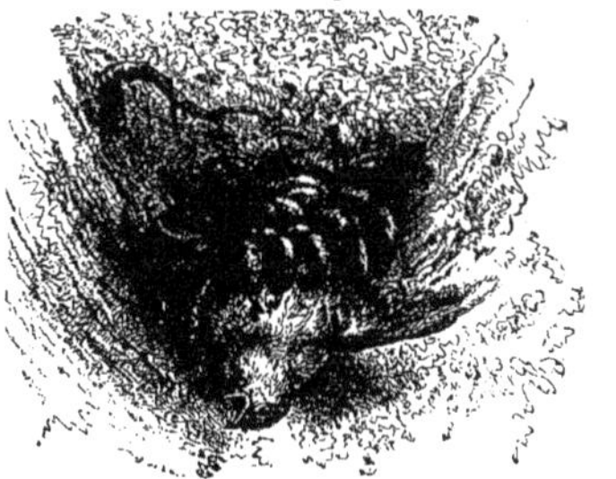

Araignée Mygale égorgeant un oiseau.

lieux obscurs, chassent la nuit ; leurs petits yeux brillent dans l'ombre comme des diamants. Elles tapissent les trous de muraille où elles se retirent d'un fourreau de fils entrelacés : c'est comme un nid où l'animal pond ses œufs et élève ses petits.

D'autres, plus ingénieuses encore, creusent un trou dans la terre, le tapissent de fils, lui font une petite porte, derrière laquelle elles se mettent à l'affût. Les *mygales*, énormes araignées d'Amérique, sont assez fortes pour tuer les oiseaux-mouches, les poussins même, afin de leur sucer le sang. Les *lycoses* et les *mygales* font avec leurs crochets des piqûres envenimées, fort douloureuses. Pour éviter tout accident, il faut laver la piqûre avec un liquide brûlant, appelé *alcali volatil* ou *ammoniaque*, qui a la propriété de détruire l'effet de presque tous les venins.

L'ARAIGNÉE SUR SA TOILE.

XCIV. — L'ÉCREVISSE

Classe des Écrevisses. Ordre des Décapodes.

Vous avez certainement vu de ces petites *écrevisses*, si communes dans nos ruisseaux. L'écrevisse est d'une forme bien singulière : son corps est recouvert d'une sorte de cuirasse dure, résistante, de couleur verdâtre, formée de plusieurs pièces ; sa tête est enveloppée d'une croûte semblable ; sa queue se termine en forme d'éventail et lui sert de nageoire. Vous remarquez encore deux longues et minces cornes qui partent de la tête et se portent en avant ou en arrière, à la volonté de l'animal ; puis vous pouvez compter huit pattes, quatre de chaque côté, à l'aide desquelles l'écrevisse marche obliquement sur le sable. Mais ce qui vous a frappé surtout bien cer-

Crabe.

tainement, ce sont les deux grosses *pinces*, énormes à proportion du corps, dont l'animal se sert pour pincer et saisir. Si vous avez ainsi observé l'organisation de l'écrevisse, vous avez une idée de la conformation des animaux qu'on appelle *crustacés*, c'est-à-dire *encroûtés*, pour signifier que leur corps et leurs membres sont protégés par une croûte dure. Un grand nombre d'espèces de crustacés vivent dans les eaux salées de la mer : les plus communs sont les *homards* et les *crabes*. — Le homard a à peu près la forme de l'écrevisse, aussi l'appelle-t-on quelquefois *écrevisse de mer* ; mais il est de bien plus grande taille et ses énormes *pinces* mordent très-rudement. Le corps de cet animal est couvert d'une enveloppe très-dure, de couleur verte, élégamment tachetée ; sa queue est très-large ; à l'aide de cette *queue-nageoire* il nage, comme l'écrevisse, à reculons ; avec ses huit pattes il se traîne obliquement sur le sable. Le homard vit caché dans les trous du rocher ; c'est un animal carnassier et vorace. Il fait sa proie de petits poissons, surtout d'*huîtres*, de *moules* et autres *mollusques* marins. Les homards et tous les *crustacés* pondent leurs œufs dans l'eau et les abandonnent au hasard. Il en éclot de petits animaux appelés *zoés*, qui n'ont pas tout d'abord la forme qu'ils doivent avoir ensuite ; mais en grandissant, peu à peu ils se transforment

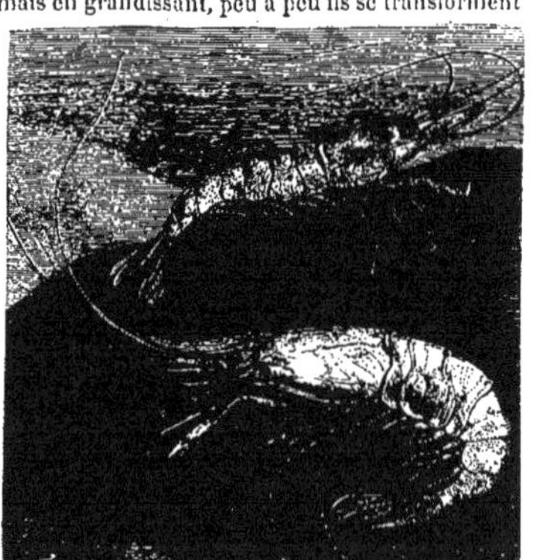

Crevettes (crangon et palémon).

et deviennent *homards* complets, ou *langoustes*, *crabes*, etc., suivant leur espèce. Les *langoustes* dont nous venons de parler, ont à peu près la forme des homards, mais leurs pinces sont très petites et faibles. Les *crabes* sont de forme aplatie, large ; leur queue, très-courte est repliée sous le corps et ne se distingue pas, en sorte que l'animal paraît être *tout tête*... Ces laides bêtes sont affreusement voraces ; elles se dévorent entre elles. — On appelle vulgairement *crevettes* de jolis petits crustacés, des homards en miniatures, mais transparents, blanchâtres, fins, extrêmement agiles, que l'on pêche dans les eaux peu profondes, près des rivages de la mer.

ÉCREVISSE.

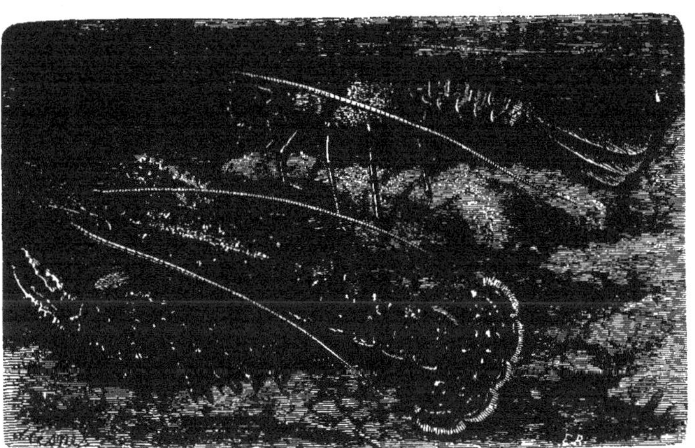
HOMARD ET LANGOUSTE.

XCV. — LES MOLLUSQUES BIVALVES

Classe des MOLLUSQUES. Groupe des BIVALVES.

En outre des poissons, dans les eaux douces des fleuves et des rivières, et surtout dans les eaux salées des mers, vivent en nombre immense des animaux d'espèces excessivement variées, souvent très-beaux, quelquefois très-singuliers de forme et très-curieux dans leur manière de vivre. De ces espèces, les plus remarquables appartiennent à la grande classe des *mollusques*, c'est-à-dire des animaux à corps mou, non divisé en *anneaux*. — Il y a des *mollusques terrestres* ; mais les plus nombreux et les plus intéressants de ces animaux vivent dans les eaux. Parmi ceux-ci l'on distingue ceux dont le corps est *nu*, sans enveloppe protectrice, et ceux qui sont protégés par une enveloppe dure qui forme ce qu'on appelle leur *coquille*. De ces derniers, les uns ont la coquille formée d'une seule pièce, ordinairement roulée en spirale, comme celle d'un limaçon (mollusque terrestre) ; les autres ont leur coquille formée de deux pièces distinctes, ou, comme on dit de deux *valves*, s'ouvrant comme une boîte à charnière : exemple, les *huîtres*, les *moules*. Ceux-ci vivent dans la mer, sur le sable du fond ou parmi les herbes marines. Ils peuvent ouvrir leur coquille, changer de place même, mais lentement et difficilement. Ils se nourrissent de plantes marines, de petites parcelles *nutritives* (nourrissantes) qui flottent dans les eaux. Il y a un très grand nombre de ces *mollusques marins* à deux *valves* (bivalves) ; leurs coquilles, très-variées de formes suivant les espèces, sont quelquefois très-belles, teintes des plus vives couleurs. Tout le

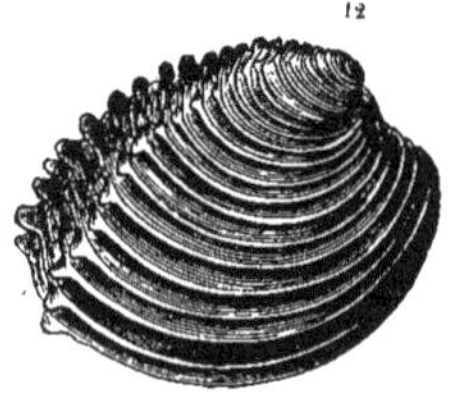

12

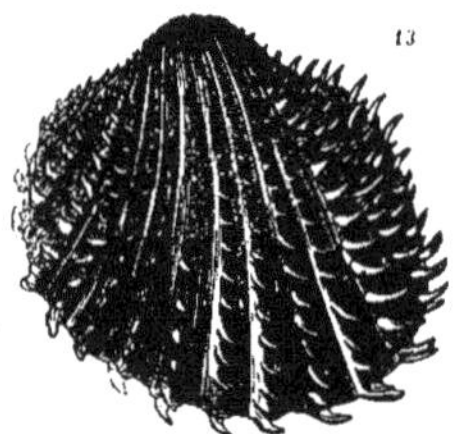

13

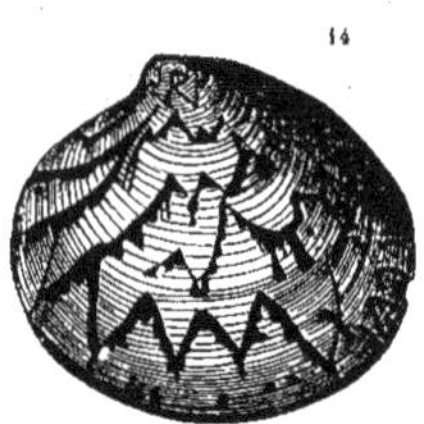

14

monde connaît les *huîtres* (7) que l'on pêche sur nos côtes. Différentes espèces de *peignes* (4, 5, 16), ainsi appelés à cause de leurs valves aplaties, rappelant la forme de ces peignes qui servent à retenir les cheveux des femmes, sont communes sur les mêmes rivages. On couvre parfois les toits de ces coquilles, en guise d'ardoises. Les *pétoncles*(6, 8) et les *bucardes* (9, 11, 13) sont moins plats ; les uns sont lisses, les autres rayés de gros sillons ; les *moules* (10) sont noirâtres, bleues ou brunes au dehors, *nacrées* au dedans. Les *vénus* (2, 12, 15) sont de forme ovale, rayées en travers, non en long comme les peignes et les bucardes. Les *cythérées* (1, 14, 17) sont de même forme à peu près, mais plus lisses, singulièrement tachetées. Les *pholades* (3) percent la pierre de trous profonds dans lesquels elles s'abritent. — L'*huître* et la *moule* vous donneront une idée des mollusques habitants de ces coquilles.

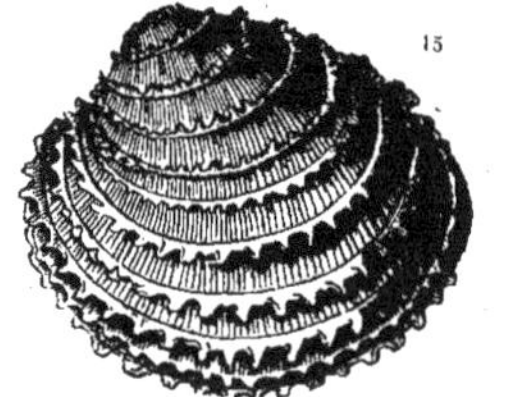

15

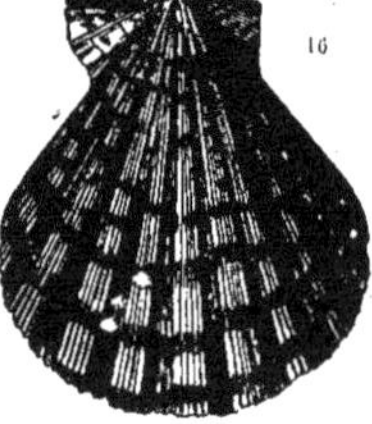

16

17

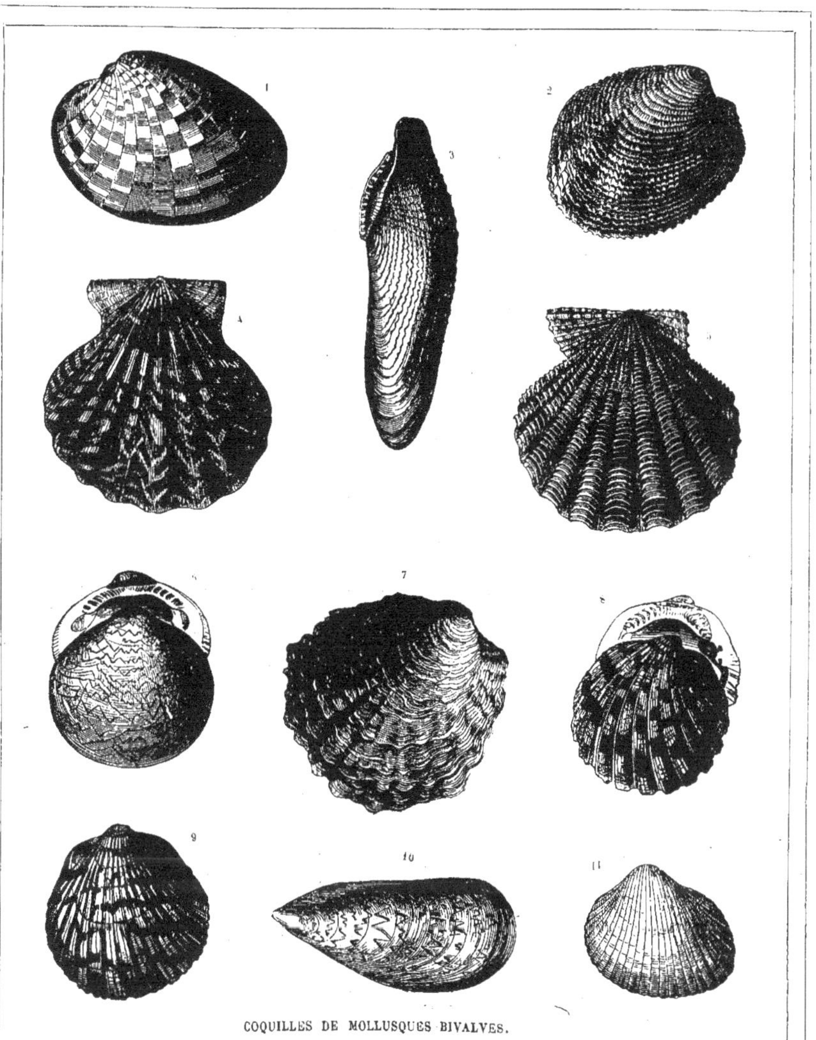

COQUILLES DE MOLLUSQUES BIVALVES.

XCVI. — LES MOLLUSQUES UNIVALVES

Parmi les *mollusques*, animaux dont le corps est mou et froid, nous avons distingué ceux qui ont une enveloppe protectrice dure ou *coquille*, formée de deux pièces (ou, comme disent les naturalistes, de deux *valves*), de ceux dont la coquille est d'une seule pièce, presque toujours en *spirale* comme la coquille du limaçon. De ces derniers, les uns sont des animaux terrestres, qui vivent sur les plantes et se nourrissent de leur feuillage : il suffit de citer les diverses espèces de limaçons, autrement dit *hélices* (20), animaux nuisibles par les dégâts qu'ils font dans nos jardins,

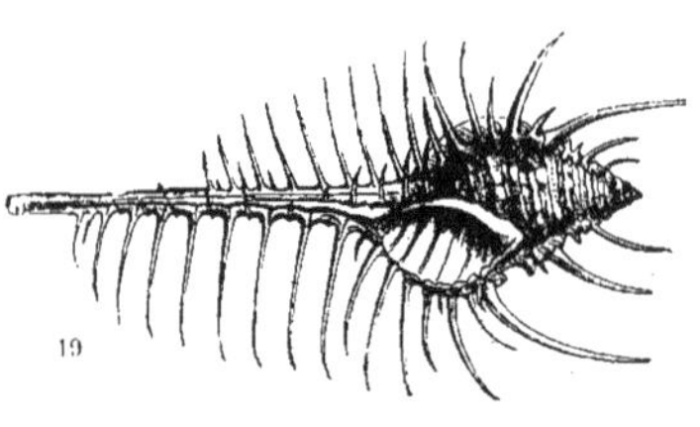

Rocher épineux.

mais dont la coquille est souvent ornée de jolies couleurs et élégamment tachetée. D'autres, tels que les *limnées*, qui sont terminés en pointes aiguë, les *planorbes* (7), qui sont, au contraire, tout à fait aplaties, semblables à des *disques*, vivent dans l'eau des ruisseaux et des étangs, et se nourrissent des herbes aquatiques. Mais bien plus nombreux et bien plus beaux sont ceux qui vivent dans les eaux salées, sur les rivages de la mer, et paissent les plantes marines. L'animal renfermé dans la coquille diffère de forme suivant les espèces, mais il ressemble toujours plus ou moins au limaçon. Les coquilles, les unes grandes, les autres petites, sont de formes très-variées, souvent très élégantes ; l'intérieur de la coquille est luisant et nacré ; l'extérieur est très-souvent orné des plus riches couleurs, rayé, tacheté de mille manières. On remarque surtout les *troques* (17), en forme de toupie ; les *turbos* (15), qui ressemblent à des sabots ; les *turritelles* (6, 16), allongées et pointues ; les *cônes* (12,13), qui ressemblent à un cône en effet, c'est-à-dire à un cornet de papier roulé ; les *porcelaines* (2,3,8,9,10), dont il existe un très grand nombres d'espèces, ornées

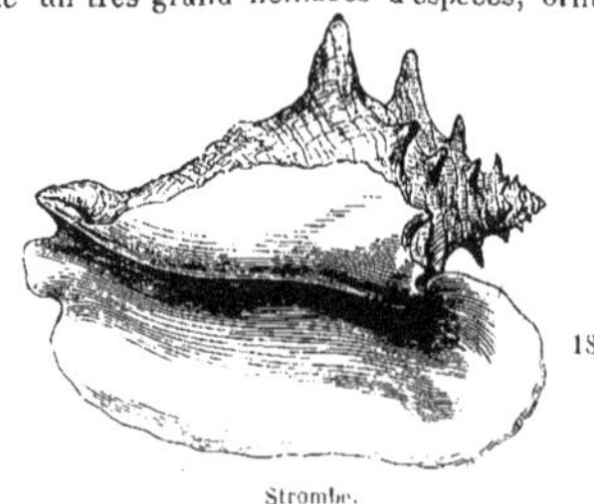

Strombe.

des plus riches couleurs ; les *olives* (11,14) ; les *rochers* (19), en forme de fuseau, souvent hérissés de longues épines ; les *strombes* (18), dont quelques espèces sont de grande taille : on en fait des sortes de trompettes qui rendent un son rauque et sauvage ; les *pourpres* (1) ; les *buccins* (4) ; les *patelles* (5), qui ne sont point tordues en spirale, mais ont seulement la forme de cônes élargis, rayés de *côtes* saillantes, et qui se collent très-fortement aux rochers, Les *littorines* enfin, à peu près semblables à de petits limaçons, sont très communes sur nos rivages.

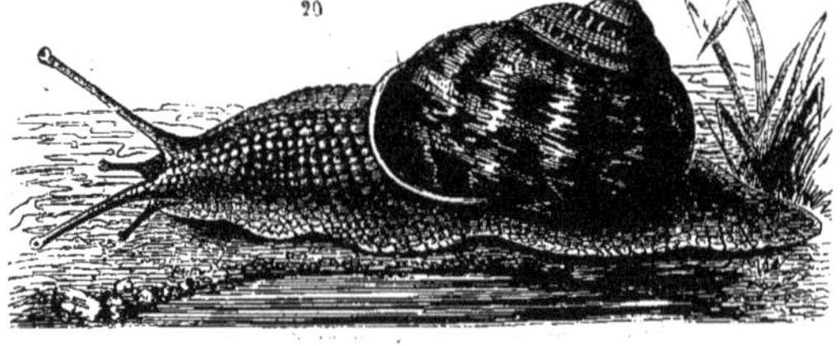

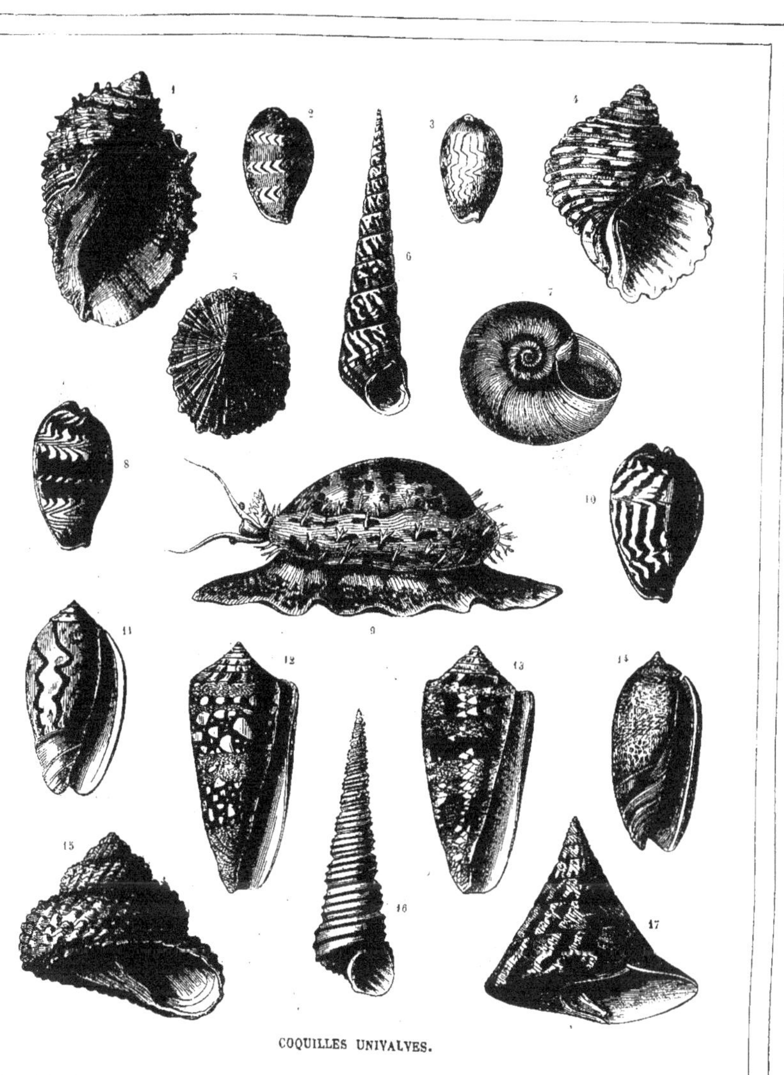
COQUILLES UNIVALVES.

XCVII. — LES POULPES

Classe des MOLLUSQUES. Groupe des CÉPHALOPODES.

LES POULPES, aussi connus dans certains pays sous les noms de *pieuvres* et de *minards*, sont des animaux de la classe des *mollusques*. Presque toujours ils sont dépourvus de coquille; leur corps est nu, mou, froid au toucher, glissant et gluant. Quelques-uns sont d'assez grande taille. Ce sont de laides, d'affreuses bêtes, voraces et parfois dangereuses. Leur corps a la forme d'une sorte de bourse flasque qui se gonfle et s'arrondit à la volonté de l'animal; leur tête se confond presque avec le corps; leur bouche est entourée de huit grands bras qui vont s'amincissant, se tordant et s'enroulant comme des serpents; des centaines de *suçoirs* sont disposés en double rangée sur chacun de ces longs bras, et l'animal, en suçant fortement, s'accole, à leur aide, s'attache aux objets. Avec ces bras armés de suçoirs, le poulpe se meut en rampant; il se fixe au rocher, il arrête sa proie. Au centre de ces bras est la *bouche*, dure et cornée, en forme de bec de perroquet. Enfin le poulpe a deux gros yeux jaunes ou rougeâtres. Le poulpe commun vit sur les rivages de la mer; il se cache dans les trous de rocher, sous les hautes herbes; et, là il guette sa proie. Cette hideuse bête est excessivement vorace; elle entrelace de ses longs bras tortueux, étreint et brise les *crabes*, les *écrevisses* de mer, les poissons qu'elle peut saisir; elle fait une destruction terrible d'*huîtres*, de *moules* et autres petits animaux marins à coquille. C'est un animal féroce, extrêmement irritable; quand il est en colère, sa peau se gonfle, il change subitement de couleur, il étend ses grands bras, ses yeux étincellent. Il attaque même parfois les nageurs. Souvent, me promenant sur le rivage, j'ai vu des poulpes sortir du trou obscur du rocher, nager obliquement vers moi à travers l'eau transparente, et me regarder en clignotant, avec leurs gros yeux horriblement expressifs. Ils venaient voir sans doute si j'étais *bon à manger*. Cependant les poulpes de taille ordinaire ne sont aucunement à craindre, quoiqu'ils soient très-vigoureux et que leurs suçoirs s'attachent fortement. On peut facilement déchirer le corps, qui est mou et vide; mais il y a certaines espèces gigantesques, heureusement rares sur les rivages, qui seraient certainement très-redoutables: malheur à qui serait saisi entre leurs bras gluants. — Les *seiches* ressemblent aux poulpes, mais elles sont de plus petite taille; leur corps est pourvu d'une sorte d'os qui, lorsque l'animal a péri, est souvent rejeté par la mer sur la plage. On donne ces os de seiche aux petits oiseaux en cage, pour aiguiser leur bec. Les *calmars* sont de forme plus allongée; leurs bras sont courts. Enfin les *argonautes*, qui se rapprochent beaucoup des poulpes, mais sont de petite taille, sont pourvus de coquilles extrêmement fines et demi-transparentes, de la plus grande beauté.

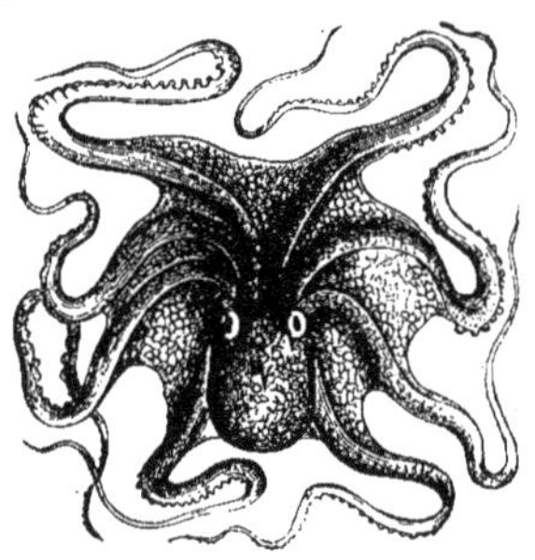

Poulpe commun.

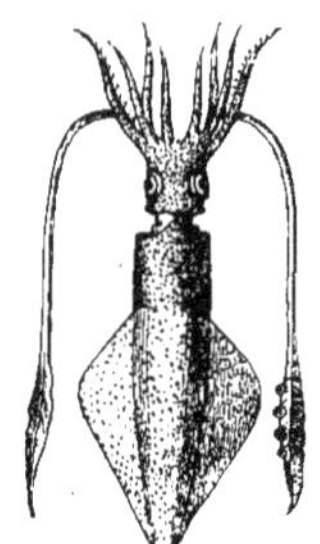

Calmar.

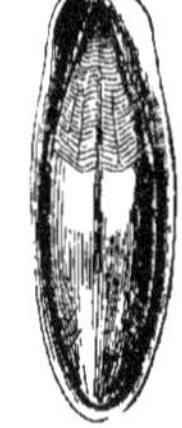

Osselet de sieche.

Argonaute.

LA SEICHE.

POULPE A L'AFFUT.

XCVIII. — LES CORAUX ET LES MADRÉPORES

Il y a dans les flots de la mer des êtres singuliers, qu'on a pris longtemps pour des plantes. On avait même cru voir leurs *fleurs* s'épanouir au milieu des eaux tranquilles. A voir ce tronc, ces rameaux, ne dirait-on pas un *arbre* en effet? Ces petites coupes finement dentelées, ne les prendrait-on pas pour des fleurs? — Pourtant ce sont des animaux; ces animaux extraordinaires appartiennent à la classe des *polypes,* ainsi appelés d'un nom qui signifie qu'ils sont pourvus de plusieurs bras, disposés comme les pétales des fleurs. Ce qui nous semble un arbre, c'est une association, un groupe nombreux de polypes. Prenons pour exemple le CORAIL, le beau corail rouge que l'on pêche dans la Méditerranée. Le corail forme de petits arbres branchus, aux rameaux tortueux. La partie intérieure de l'arbre est de *pierre;* c'est cette matière *compacte*, dure, fine, rougeâtre, dont on fabrique des bijoux; elle forme pour ainsi dire le cœur de l'arbre. L'*écorce* qui la revêt est molle, grisâtre; sur cette écorce on voit, de distance en distance, comme de gros bourgeons, et quand ces bourgeons s'épanouissent, les petits animaux, semblables à des fleurs, qu'on appelle les polypes du corail, en sortent à mi-corps, étendant leurs bras frangés. Au milieu de ces bras est la bouche. Ces petits animaux se nourrissent d'animaux encore plus petits, qui flottent par milliers dans les eaux de la mer; ils les saisissent avec leurs bras, les enlacent, les portent à leur bouche. L'espèce d'arbre qui les porte est appelé *polypier ;* les petits animaux produisent eux-mêmes cette matière pierreuse. Toutes leurs loges creuses, soudées ensemble, forment l'arbre du polypier. Il existe un très-grand nombre d'espèces de *coraux* et autres *polypes* de la même classe : les uns produisent des polypiers en forme d'arbres très-rameux, les autres des polypiers en boule, assez semblables à des champignons. Les *tubulaires* forment des tuyaux accolés ; chaque tuyau est la demeure d'un polype. Les *madrépores* ont leur arbre criblé de petits trous. En certaines mers, surtout en Océanie, ces animaux sont si nombreux que leurs polypiers, entassés les uns sur les autres, forment des écueils dangereux pour les navires, et même des îles de vastes archipels.

Corail rouge. Corail rouge grossi.

Madrépore. Corail dendrophyte.

Tubulaires.

CORAIL EN FORME D'ARBRE (OCULINE).

XCIX. — LES ANIMAUX MICROSCOPIQUES

Vous connaissez tous, ne serait-ce que pour avoir regardé, en jouant, à travers les lunettes de vos grand'mères, l'effet curieux des *verres grossissants*. Ces verres, *bombés*, épais au milieu, minces au bord, font apparaître beaucoup plus gros qu'ils ne le sont en réalité les objets qu'on regarde au travers. Selon leur forme plus ou moins bombée, ces verres *grossissent* plus ou moins. Un verre très-grossissant, ordinairement soutenu dans un anneau ou une monture de corne, de métal, est ce qu'on appelle une *loupe*. Vu à travers une loupe, un cheveu semble avoir la grosseur d'une ficelle, la pointe d'une aiguille paraît comme un gros clou... Non-seulement les objets paraissent plus grands, mais par cela même on distingue fort bien de petits détails qu'on ne pourrait voir à la simple vue ; et même on découvre des objets excessivement petits, qu'on n'apercevait aucunement à l'*œil nu*. Enfin, il y a deux siècles à peu près, des savants imaginèrent de réunir plusieurs verres grossissants, et inventèrent le merveilleux instrument qu'on appelle *microscope* (1). Un microscope se compose donc de plusieurs *loupes* réunies, ajustées les unes au-dessus des autres dans un tuyau de cuivre, et très-habilement combinées ensemble, de telle sorte que les effets de ces verres grossissants s'ajoutant, les objets très-petits que l'on observe au travers paraissent grossis des centaines de fois, des milliers de fois ! Ces objets, on les met sur une lame de verre que l'on place sous le tuyau qui porte les loupes. — Impossible de vous dire en quelques lignes combien on a vu, observé, appris, avec le microscope, de choses merveilleuses, qu'on ne soupçonnait pas auparavant. Pour ne parler que des animaux, on a pu voir avec les plus fins détails, imperceptibles à l'œil, toute l'organisation des plus petits insectes, leurs poils, leurs crochets, leurs petites trompes, leurs yeux... Chose plus étonnante, on a découvert des centaines d'espèces d'animaux invisibles pour nos yeux, et de formes singulières. Dans certains liquides surtout, il y a par milliers et millions de ces petits animaux *microscopiques* qu'on appelle *infusoires*, et qu'on voit éclore, vivre, se mouvoir, manger, puis mourir... Ainsi dans une seule goutte d'eau croupie, de tisane corrompue, on voit des infusoires d'espèces différentes : des *monades* (2) semblables à de très-petites boules qui s'agitent diversement ; des *bactéries* qui ont la forme de petits bâtonnets, des *spirilles* roulés en spirale de tire-bouchon et qui se meuvent avec rapidité. D'autres, les *vorticelles* (8, 10), ressemblent à des fleurs fixées par un long pied ; leur bouche est bordée d'un rang de *cils* (petits poils). — Les *paramécies* sont de forme ovale, aplaties, pourvues aussi de cils. Les *stentors* ont la forme de trompettes ; les *rotifères* (4, 6) ressemblent un peu à de petits poissons, et aux deux côtés de la bouche ont deux sortes de roues garnies de cils, qu'ils agitent sans cesse. Les *tardigrades* (5) vivent dans la mousse des toits. Dans l'eau de la mer on voit des *noctiluques* (9), qui brillent la nuit comme des vers luisants, si nombreux que parfois la mer elle-même en paraît toute lumineuse... Dans une goutte de vinaigre on découvre des milliers de petites anguilles microscopiques, qui s'agitent avec vivacité (3, 7) ! Enfin vivent dans les eaux des mers les *foraminifères*, de formes très-diverses suivant les espèces, et qui sont pourvus d'une sorte de coquille, admirablement délicate et transparente.

Loupe montée dans un tuyau de cuivre.

Loupes montées sur des manches de corne.

Bactéries.

Foraminifères.

Stentors.

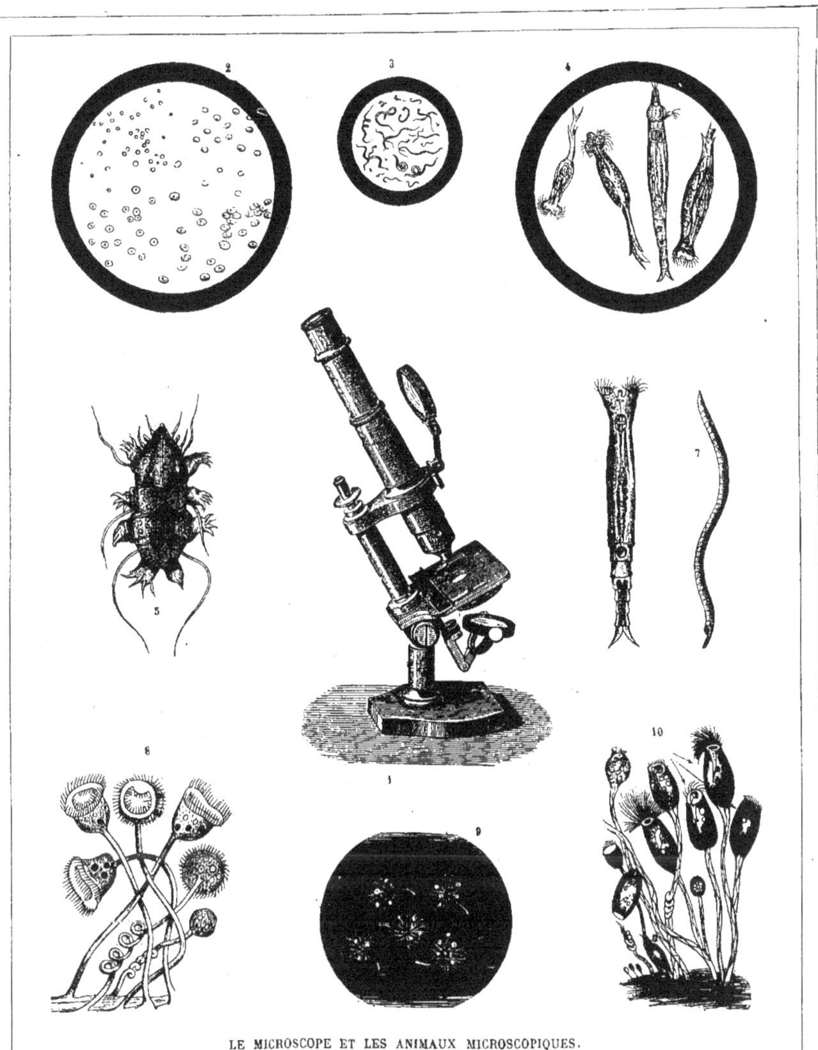

LE MICROSCOPE ET LES ANIMAUX MICROSCOPIQUES.

C. — LES ANIMAUX FOSSILES

Il y avait autrefois sur la terre — oh ! je parle de bien longtemps : des milliers et des milliers d'années ! — il y avait des animaux de forme extraordinaire, et qui n'existent plus aujourd'hui. Alors aussi la terre elle-même n'avait pas cet aspect que vous lui voyez maintenant ; le climat n'était pas le même qu'à présent, les plantes étaient tout à fait différentes de celles que vous voyez. Ce temps si lointain a été divisé par les savants en *quatre époques* principales. A la première époque, les eaux couvraient presque toute la terre ; il n'y avait guère que des *poissons*, des *crustacés* de forme bizarre et autres animaux vivant dans la mer. A la seconde époque, on remarque surtout d'effrayants *reptiles* plus ou moins semblables de fome au *crocodile* ou, si vous voulez, au lézard, mais énormes : jusqu'à 8 ou 10 mètres de longueur ! Deux espèces de reptiles aquatiques à nageoires, surtout — ceux que représente notre dessin — étaient de taille plus monstrueuse encore, de forme extraordinaire, et affreusement voraces. D'autres reptiles, plus petits, avec un corps semblable à celui de la grenouille, avaient — chose bizarre — de grandes ailes de chauve-souris, un long cou, un *long bec*, garni de dents aiguës. A la troisième époque, vivaient des *mammifères* de grande taille, des animaux à trompe ressemblant à l'éléphant ; d'autres assez semblables au paresseux, mais de la taille d'un cheval ; des oiseaux trois ou quatre fois plus grands que l'autruche. A la quatrième époque seulement, les animaux étaient à peu près semblables à ceux que nous voyons maintenant.

Reptile volant de la deuxième époque.

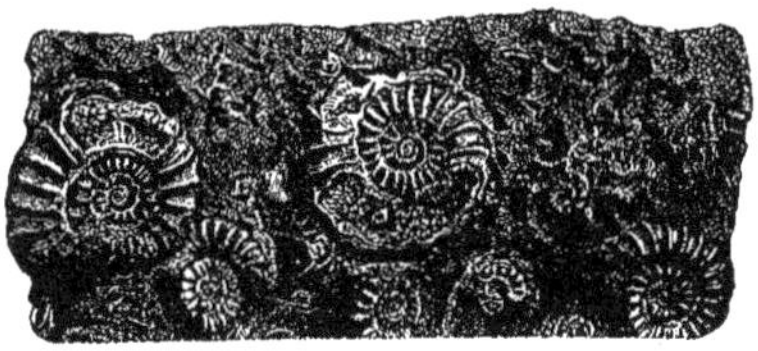

Mais comment, direz-vous, a-t-on pu savoir que ces animaux des anciennes époques ont existé, quelle était leur forme...? Le voici. Quand un animal périt, son corps n'est pas toujours entièrement détruit ; il en reste les parties dures, les os, par exemple ; ou bien les arêtes, si c'est un poisson, la coquille si c'est un *mollusque* à coquille. Or, on trouve souvent enfouis dans le sol, quelquefois à de grandes profondeurs, des ossements, des arêtes ; des coquilles surtout en très-grand nombre. Ces débris d'êtres qui ont vécu autrefois sont ce qu'on appelle des *fossiles*. Or, vous saurez qu'en voyant seulement les os, le *squelette* d'un animal, un savant peut dire à quelle espèce appartenait cet animal, quelles étaient, à peu de chose près, sa forme, sa taille, sa manière de vivre même, et dessiner son portrait ressemblant... C'est ainsi qu'on a pu connaître l'existence, la forme, les mœurs de ces animaux extraordinaires dont je vous parlais tout à l'heure, et qui n'existent plus. Les ossements fossiles de grands animaux sont rares ; mais on trouve des *coquilles fossiles* en immense quantité. Examinez les *roches* qui forment le *sous-sol* de votre pays, là où la terre végétale ne les recouvre pas. Dans certaines de ces roches, vous verrez des milliers de coquilles empâtées comme des amandes dans un gâteau... Mais comment sont-elles là ? C'est que ce pays où vous vivez, a été autrefois *sous les eaux* au fond de la mer. Les débris des animaux qui vivaient dans cette mer se sont enfouis dans une sorte de limon qui se déposait au fond, comme la vase au fond d'un étang. Plus tard, les eaux se sont retirées ; et ces limons entassés, desséchés et durcis sont devenus les roches que vous voyez, criblées de coquilles qui sont restées prises dans la masse consolidée.

Fragment de roche contenant des coquilles fossiles.

GRANDS REPTILES MARINS DE LA SECONDE ÉPOQUE.

CONCLUSION

UTILITÉ DES ANIMAUX

La vie est partout, autour de nous, mes enfants, et sous mille formes : je veux dire que des *êtres vivants*, très-différents de *formes*, d'espèces, de mœurs, existent en nombre immense sur la terre, dans l'eau, dans l'air, jusque dans la terre même. Je vous ai présenté environ *trois cents* espèces d'animaux, les plus intéressantes à connaître; mais il y en a des milliers et des milliers d'autres, qu'il m'eût été impossible même de nommer en passant ! Nous, nous vivons au milieu de tous ces êtres, nous avons, comme on dit, des rapports, des relations avec eux. Ce sont nos voisins, sur la terre. Parmi eux, il y a de méchants et dangereux voisins; et avec ceux-là nous sommes en guerre ! D'autres sont inoffensifs; nous vivons en paix avec eux. Enfin beaucoup d'espèces nous sont utiles de diverses manières; c'est de celles-là que je veux vous dire un mot encore, en finissant. Vous n'avez peut-être pas réfléchi combien nous avons besoin des animaux, nous autres; et comme nous serions embarrassés pour subsister, si nous ne les avions pas !

Observez d'abord comment nous tirons profit des diverses parties de l'animal lui-même, après sa mort. — La chair d'un grand nombre d'espèces, domestiques ou sauvages, *bétail* ou *gibier*, habitants de la terre ou des eaux, sert à notre nourriture. Leur graisse nous fournit la lumière : je veux dire les matières employées pour l'éclairage, l'huile, le suif, les bougies. Avec les os, les cornes, nous fabriquons toutes sortes d'objets usuels. Nous faut-il une matière plus précieuse, voici les défenses de l'éléphant, les dents de certains cétacés qui nous donnent l'*ivoire*. La peau épaisse et forte des grands animaux, convenablement préparée, devient le *cuir* résistant, ou la *basane*, sorte de cuir plus mince; le *maroquin*, teint de riches couleurs, dont on couvre les livres ; le *parchemin* sur lequel on écrit, la peau souple dont on fait des gants. L'animal était-il revêtu d'une *robe* épaisse et touffue, défense contre le froid : sa peau conservée avec son poil devient pour nous une douce et chaude *fourrure*, dont on fait des vêtements d'hiver. Le duvet des oiseaux sert à remplir des coussins ; les plaques épaisses de la peau des tortues fournissent l'*écaille*.

Mais ce ne sont pas seulement les *débris* de l'animal mort, ce sont aussi les *produits* de l'animal vivant qui nous sont utiles. Rappelez-vous les plus importants : le lait de la vache, de la chèvre, de la brebis ; les fromages, les mets de toute sorte qu'on en prépare. Le poil de l'animal est-il long, fin, doux, *laineux* enfin comme celui du mouton, on dépouille la patiente bête de sa *toison*, pour en faire des vêtements pour nous, des tissus chauds et moelleux. A certains oiseaux on prend leurs œufs, qui sont un aliment excellent. Un insecte industrieux, l'abeille, recueille du miel sur les fleurs, forme de la cire : — ce n'est pas à notre intention, comme vous le pensez bien, c'est pour sa provision ; nous lui prenons, pour notre usage, le produit de ses soins laborieux.

Et ce n'est pas tout. Nous autres, êtres très-intelligents, nous ne sommes pas très-forts de corps. Pourtant nous avons à faire certains travaux qui demandent beaucoup de force, plus que nous n'en avons. Que faire donc? Il y a des animaux très-vigoureux : nous leur empruntons pour ainsi dire leur force, à eux; nous l'employons à notre profit. Nous les soumettons, nous les faisons travailler pour nous. — « Allons, le bœuf « robuste, aux pas lents! tire-moi cette charrue. « Moi, qui l'ai faite, je n'aurais pas la force de la « remuer ; pour toi ce sera peu de chose. — Viens-ça, « toi, le cheval, belle et vaillante bête ; ces fardeaux « trop lourds pour mes bras, tu les porteras bien sans « fléchir ; tu traîneras sans trop d'efforts cette voiture « chargée. — Je voudrais bien franchir la distance, « rapide comme le vent ! j'ai hâte, on m'attend... Mais « je n'ai que deux faibles jambes, et quand j'ai couru « quelque peu, je suis tout essoufflé. Prête-moi, ami, « tes quatre jambes vigoureuses! Je monte sur ton dos : « mon poids, tu le sentiras à peine. Et maintenant, hop ! « hop ! va ! cours, vole, emporte-moi où j'ai hâte d'arriver ! » — Il me semble entendre l'animal répondre : — « Eh bien, si je dépense ma force pour toi, homme, « si je fais ton travail, en retour tu me nourriras, tu « me soigneras. » — « C'est trop juste ! soit : c'est dit. » Et depuis le premier qui raisonna ainsi en lui-même, — il y a de cela bien des siècles ! — les hommes eurent pour leur tâche de chaque jour des aides, des serviteurs : le bœuf, le cheval, l'âne, le chameau, le renne, — d'autres encore. La condition en retour était toute naturelle ; car, du moment que nous employons un animal à notre service, il ne peut plus chercher lui-même sa nourriture ; il faut bien que nous nous chargions d'entretenir sa vie et ses forces. — Et c'est justice aussi, disais-je.

D'autres nous servent, non pas précisément par leur force, mais bien plutôt par leur intelligence, par leur instinct affectueux et fidèle. Voyez, par exemple, le chien. Il guide le chasseur, découvre, poursuit et rapporte le gibier. Le chien, animal carnivore, a tout naturellement l'*instinct* de poursuivre sa proie; quand il chasse, non plus pour lui-même comme il faisait à l'état sauvage, mais pour son maître, le chasseur profite de cet instinct naturel. Mais le chien nous est encore bien plus utile par son intelligence même, par l'éducation dont il est susceptible. Le chien de berger apprend à conduire et à surveiller le troupeau, à empêcher les bestiaux de s'écarter du pâturage, à les défendre si quelque bête féroce venait les attaquer. Le chien de garde veille sur la demeure; il avertit son maître par ses aboiements, si quelque inconnu approche. Élevé dans la maison, il nous distrait, par ses gentillesses, par ses caresses affectueuses : c'est un compagnon, presque un ami.

Enfin beaucoup d'animaux nous sont utiles d'une manière toute différente: ils sont nos *alliés*, nos défenseurs contre les animaux nuisibles. Tels sont, par exemple, les petits oiseaux qui détruisent par millions, pour se nourrir, les insectes voraces, capables, s'ils devenaient trop nombreux, de dévaster nos bois, nos champs, d'anéantir nos récoltes.

Quand un animal nous est utile, d'une manière ou d'une autre, il faut tout d'abord le *protéger;* il faut empêcher que cette espèce, qui nous rend des services, ne soit détruite, ou par les animaux féroces, ou par des hommes ignorants, ou par des enfants étourdis. C'est ce que vous devez faire, vous, écoliers, pour nos gentils petits oiseaux des bois : vous les prendrez sous votre protection, vous veillerez à ce que personne ne les tue méchamment ou ne ravisse leurs nids, leurs œufs, leurs petits. — Mais pour d'autres espèces d'animaux, cette protection ne suffirait pas ; pour qu'ils nous soient réellement profitables, il faut les *dompter*, les *apprivoiser* ou les *domestiquer*.

Dompter un animal sauvage, c'est le contraindre d'obéir, par la force, par la peur. — Un beau cheval bondissait en liberté dans une vaste prairie de l'Amérique. Un homme vient, brave, adroit, fort, agile; il arrête l'animal au moyen d'un lacet (sorte de longue corde), puis il le saisit à la crinière, il s'élance sur son dos. Le cheval sauvage se révolte d'abord ; il se débat avec colère, il cherche à renverser son cavalier. Puis il se fatigue, à cette lutte ; il a peur aussi de cet homme qui ne veut pas le lâcher. Enfin, brisé de lassitude, à bout de force, découragé, effrayé, il cesse de résister; il se laisse mettre un mors et une bride, et désormais il obéira, il fera ce que l'on voudra : voilà un animal *dompté*.

Apprivoiser, c'est chose différente : cela se fait par la douceur, par les soins, par la patience. L'animal sauvage était effrayé d'abord ; peu à peu, voyant qu'on ne lui fait point de mal, il se rassure. On lui porte à manger : il en est reconnaissant. On le traite bien, on lui donne ce dont il a besoin. On l'approche, avec précaution d'abord, puis de plus près; on le caresse, on le flatte. Peu à peu, il s'habitue à ce nouveau genre de vie; il perd ses instincts farouches, il devient familier, confiant, et, s'il est dans sa nature, affectueux pour ceux qui le soignent. Il ne voudrait plus retourner à sa liberté, tant son caractère est changé; on peut le laisser sans lien aucun, il ne s'échappera pas, il ne s'enfuira pas au fond des bois : cet animal est complètement apprivoisé, c'est-à-dire habitué à la société de l'homme. *Domestiquer*, c'est autre chose encore. On apprivoise un *individu*, c'est-à-dire un animal pris à part; avant d'être apprivoisé, cet individu *a été sauvage*. Mais quand on dit qu'un animal est domestiqué, cela signifie que l'espèce entière vit près de nous, nous appartient, non pas un individu ou quelques-uns seulement. Comment cela se fait, vous allez le comprendre. Imaginez qu'un animal sauvage ait été apprivoisé déjà depuis longtemps. C'est une mère; elle a des petits. Ces petits, on les élève, on les soigne; en grandissant ils prennent l'habitude de vivre avec les hommes. *Ils n'ont jamais été sauvages*, ceux-là ; ils sont apprivoisés pour ainsi dire de naissance : voilà la différence ! — Et quand ils auront grandi, quand ils auront des petits à leur tour — et ainsi de suite — tous ces animaux auront ainsi passé *toute leur vie* appartenant à des hommes. On les appelle *domestiques* (du mot latin *domus*, maison, *domesticus*, de la maison) pour exprimer qu'ils sont nés, nourris, élevés *chez nous*, dans nos maisons ou près de nos maisons. Ainsi sont nos chiens, nos chats, tous nos bestiaux et nos bêtes de somme.

Quand on voit dans le pays où l'on habite un animal sauvage qui peut être utile, il est tout naturel d'essayer de l'apprivoiser et de le domestiquer. C'est ce qu'on a fait de tout temps. Mais supposons autre chose. C'est un voyageur, cette fois, un savant, qui a rencontré, non pas chez nous, mais dans une contrée lointaine, un certain animal, sauvage ou domestique, peu importe. En l'observant il s'est dit : « Voici un animal qui, s'il « vivait dans nos pays, nous serait très-utile ! » Et alors que fait-il ? Il prend quelques individus de cette espèce, il les amène chez nous. Y vivront-ils ? voilà la question. — Vous savez que les animaux ne peuvent pas vivre indifféremment dans tous les climats. Ceux-ci peuvent-ils s'accommoder de notre climat, se nourrir de ce qui s'y trouve, ils vivront, ils multiplieront comme dans leur patrie. — Transporter ainsi une espèce d'un pays dans un autre, cela s'appelle *acclimater*. Ainsi plusieurs animaux sauvages ou domestiques, qui n'existaient pas autrefois dans nos pays, y ont été amenés, il y a déjà bien des siècles ; ils s'y sont acclimatés ; et maintenant, ils sont chez nous comme chez eux... je veux dire qu'ils y vivent aussi bien que dans leur ancien pays. Tels sont, par exemple, l'âne, le mouton, la chèvre — et bien d'autres espèces utiles. On essaye encore aujourd'hui d'acclimater de même certains animaux qui pourraient nous rendre de grands services. Mais ce n'est pas toujours chose facile : il faut que les animaux transportés s'habituent peu à peu à un *milieu* différent, et à une manière de vivre toute différente aussi; et souvent cela ne peut se faire qu'à force de soins et de précautions.

Les protéger, au besoin les dompter, les apprivoiser, les domestiquer ; leur donner des soins, les dresser au travail : voilà ce que nous avons à faire pour les *animaux utiles*. Nous devons aux êtres inoffensifs de respecter leur vie ; et quant aux animaux nuisibles, bêtes féroces ou bêtes venimeuses, rongeurs voraces, insectes ravageurs, tous nos ennemis enfin, grands ou petits, nous pouvons les détruire : c'est notre droit de légitime défense.

www.ingramcontent.com/pod-product-compliance
Ingram Content Group UK Ltd.
Pitfield, Milton Keynes, MK11 3LW, UK
UKHW012209240726
13966UKWH00002B/664